彩图1　华　硕
（李慧峰　提供）

彩图2　鲁　丽
（李慧峰　提供）

彩图3　岳阳红
（于年文　提供）

彩图4　秦　脆
（王延秀　提供）

彩图5　瑞　雪
（张恒涛　提供）

彩图6　紫弘富士
（李慧峰　提供）

彩图7　矮砧密植园
（宋来庆　提供）

彩图8　授粉器授粉
（聂佩显　提供）

彩图9　有机钙疏花效果
（聂培显　提供）

彩图10　自然生草
（周恩达　提供）

彩图11　果园清耕
（周恩达　提供）

彩图12　背负式割草机
（周恩达　提供）

彩图13　手推式割草机
（周恩达　提供）

彩图14　驾驶式割草机
（周恩达　提供）

彩图15　弥雾机
（周恩达　提供）

彩图16　微型粉碎机
（周恩达　提供）

彩图17　苹果炭疽叶枯病
（刘美英　提供）

彩图18　苹果绵蚜
（刘美英　提供）

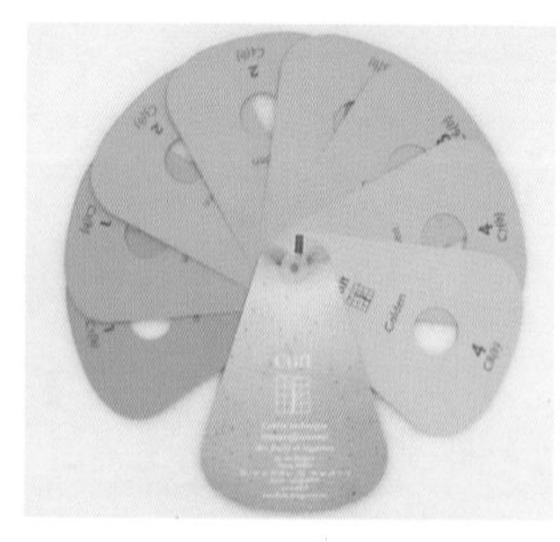

彩图19　金冠苹果成熟度色卡
（张雪丹　提供）

彩图20　苹果自动化包装抓取技术
（张雪丹　提供）

果树新品种及配套技术丛书

PINGGUO XINPINZHONG
JI PEITAO JISHU

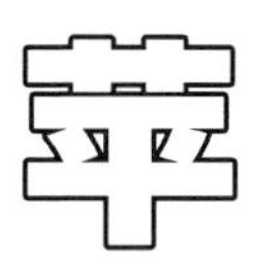

苹果新品种及配套技术

李慧峰　宋来庆　主编

中国农业出版社
北　京

内容提要

本书由山东省果树研究所组织果树专家编著。本书的内容包括苹果优新品种介绍、果园规划与建园、整形修剪技术、花果管理技术、土肥水管理技术、主要病虫害防治技术、采收与贮藏技术等，简要阐述了各种技术的原理、作用与注意事项，重点说明了各技术的操作方法。本书内容丰富、通俗易懂，所介绍的技术便于操作，供果树栽培者在生产中参考。

编写人员名单

主　编　李慧峰　宋来庆

副主编　聂佩显　王玉霞　张雪丹　周恩达　卜海东

编　者　（以姓名拼音为序）

卜海东　李芳东　李慧峰　聂佩显　宋来庆

宋　伟　王延秀　王玉霞　闫振华　于年文

张恒涛　张雪丹　周恩达　周江涛

目录 CONTENTS

一、概　述

苹果作为我国居民生活中的一种主要水果，在我国农业生产中具有重要地位，2017 年苹果栽培面积和产量分别占我国水果栽培面积和产量的 17.5%和 16.4%。自 2003 年农业部将苹果列入首批优势农产品区域布局规划以来，我国苹果产业在规模和品种等方面快速发展，在我国一些省份已经成为主导产业或支柱产业。“十二五”期间，苹果又被划定为《特色农产品区域发展规划（2013—2020）》中 25 种特色农产品之一。但随着人们对果品的消费需求从原来的数量需求逐渐过渡到质量需求，加上大量的外国苹果涌入国内市场，对我国苹果产业造成了严重的冲击，苹果生产越来越强调标准化和规范化。我国作为世界上的苹果生产大国，却不是生产强国，在生产、销售、加工等方面与发达国家相比还存在许多不足。因此，全面了解我国苹果生产的现状和面临的挑战能为我国苹果产业可持续发展提供参考。

（一）我国苹果的生产现状

1. 栽培面积与产量

苹果是世界上主要的温带水果之一，距今已有 2 000 多年的栽培历史。经过长期发展，世界上已有 1 000 多个栽培品种，分布在 90 多个国家和地区。我国作为世界苹果生产大国，苹果栽培历史始于秦汉时期，距今也已超过 2 000 年，但直至 1871 年山东烟台开始种植西洋苹果，我国才开始逐步种植商业化苹果，距今已有近 150 年的历史。

从 1961 年开始，我国苹果栽培面积逐年增加；1990—1996 年是我国苹果产业快速发展期，这一时期苹果的栽培面积和产量飞速增长，1996 年苹果栽培面积达 298.8 万 hm^2；由于前期发展速度过快，1997—2004 年部分苹果产区出现卖果难的问题，因此区域布局结构开始调整，非适宜区和适宜区内效益低的果园被淘汰；2005 年，我国苹果栽培面积相对于 1996 年减少了 36.7%，但产量增加了 40.8%，苹果产业由规模扩张向提高质量转变，逐渐形成了黄土高原和环渤海湾两大苹果优势产区；2006 年开始，我国苹果进入稳定发展时期，苹果产量逐年增加。据 2018 年《中国统计年鉴》和联合国粮食及农业组织（FAO）统计，2017 年我国苹果栽培面积达222 万 hm^2，产量达 4 139 万 t，占世界苹果总栽培面积和产量的一半左右（图 1－1）。

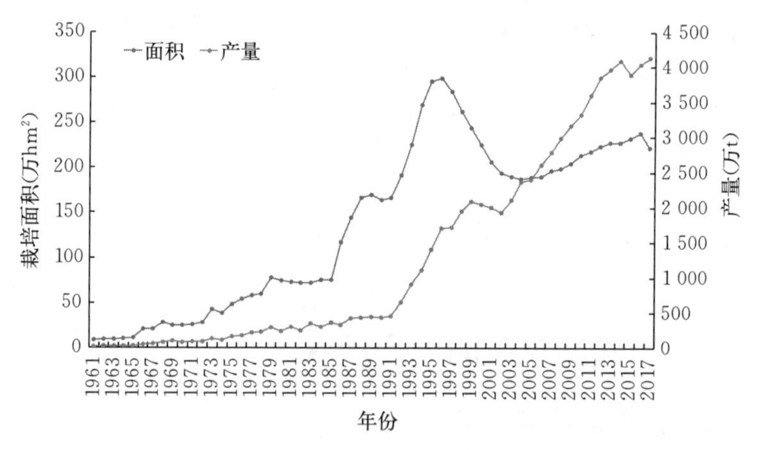

图 1－1　我国苹果栽培面积与产量变化情况（1961—2017 年）

2. 产业区域布局

我国苹果产业经过多年发展，逐渐形成了环渤海湾产区（鲁、冀、辽）、黄土高原产区（陕、甘、晋）、黄河故道产区（豫、苏、皖）、西南冷凉高地产区（云、贵、川）、东北寒地小苹果特色产区

（黑）和新疆特色产区（新）等。环渤海湾产区和黄土高原产区为优势产区，该产区集中了全国近80%的苹果栽培面积和产量、绝大部分加工企业和出口企业。环渤海湾产区的山东和黄土高原产区的陕西是我国两大苹果主产区，也是我国着力发展的苹果优势产区。2003年，陕西苹果栽培面积达40.2万hm^2，较山东高12.4%，至2009年，陕西苹果总产量超过山东。此外，西南冷凉高地产区、新疆阿克苏等特色产区的栽培面积和产量也在逐年增加。截至2017年，云南、新疆等地苹果栽培面积均超过7万hm^2。据2018年《中国统计年鉴》，2017年产量超过100万t的省份由高到低依次为陕西、山东、山西、河南、甘肃、辽宁、河北和新疆，这些省份的苹果产量占全国苹果总产量的92%以上，其中陕西和山东的苹果产量分别达1 092万t和939万t。近年来，根据优生区、适生区、次生区进行规划，按照因地制宜推广品种、调整产能到优势区域、逐步发挥特色产区优势的原则，合理的产业布局和规模正在形成。

3. 出口贸易

我国是世界上重要的苹果生产国和贸易国，我国苹果出口竞争力处于上升期，但与其他国家相比还存在较大的差距。依据地域优势和市场需求，我国每年向60多个国家出口鲜苹果和浓缩苹果汁。鲜苹果主要出口到南亚、东南亚和东欧等地区，而浓缩苹果汁主要出口到欧美地区的发达国家。近年来，鲜苹果出口贸易额不断增加，2000年，鲜苹果出口额仅1.0亿美元，经过不断发展，2016年，我国鲜苹果出口量达到132.2万t，出口额为14.5亿美元，出口量和出口额均创历史新高。2000年，苹果浓缩汁出口量为14.2万t，随后出口量不断增加，2007年，出口额和出口量分别达12.4亿美元和104.2万t。2008年金融危机后世界浓缩苹果汁市场整体呈现下行趋势，2007—2015年我国浓缩苹果汁出口价格不断下降，减损了出口竞争力，但2016年出口量达50.64万t，为国内苹果产品竞争力的提升创造了机遇。

（二）存在的问题与相应的对策

1. 品种结构单一，种植结构不合理

我国苹果主产区品种主要为富士系、嘎拉系和元帅系，其中富士系在我国栽培面积最大，约占69.6%，元帅系约占9.2%、嘎拉系约占6.3%，其他品种所占比例较小。以富士系为主的晚熟品种的栽培面积大于中早熟品种，由于成熟期晚并且过于集中，导致采收、贮存和销售压力大。2016年，富士苹果的产量约占我国苹果总产量的72.7%，国光苹果约占3.8%。因此，应加大优质早熟品种的推广应用力度，推进我国苹果产业品种结构优化调整，使早、中、晚熟品种比例接近1∶3∶6。另外，经过多年的发展，人们的消费需求也从“吃得上、吃得饱”变成了“吃得好、吃得精”，品种的多样化和优质化已经是大势所趋。而我国苹果品种以质地细密爽脆、口感酸甜、风味浓厚的晚熟红富士为主，导致苹果口感、风味单一，国内市场对于其他风味和口感的苹果多依靠进口。因此，调整苹果品种种植结构，加大不同熟期、风味的多样苹果新品种的培育和推广力度，以满足市场和消费者的多样化需求，应是今后苹果产业研究的一项重点工作。

2. 人工成本提高，机械化程度偏低

我国苹果主产区的生产经营主体多为小规模农户，主要由家庭劳动力从事苹果生产，大多经营0.67 hm^2以下的果园，且分户地块较小、基础设施较差。传统的栽培模式多以乔砧大冠为主，树体高大，果园郁闭，成龄果园行间没有作业空间，果园机械无法运用，标准化技术推广难度大，管理水平差异大，果实质量一致性差，难以应对激烈的市场竞争。加上我国果园生产机械研发起步较晚，果园机械种类少，苹果生产机械化程度普遍偏低，很多用工量多、劳动强度大、时效性强的作业环节无法实现机械化操作。2000年，苹果生产人工成本仅6 696元/hm^2；随着农村劳动力的转移，

果园用工成本迅速增加，仅 2015—2017 年，果园实际用工费涨幅为 48.0%；到 2017 年，苹果生产人工成本已达 46 650 元/hm^2。另外，现有的果园机械也因成本高、功能单一、效能低以及果农对果园机械的维护保养观念比较淡薄，使用不到一年就因维护保养不到位而无法正常使用，从而影响了果农购置和使用的积极性。因此，政府应鼓励、支持新型农业生产主体发展，推广或研发适合宽行密植的小型树下作业机具，加大果园生产机械化科研开发力度和培训力度。

3. 精准化土肥水管理技术落后

到目前为止，我国大部分果园灌溉仍以大水漫灌为主，采用节水灌溉的果园不足 13.0%；施肥凭个人经验，盲目或过量施肥，化肥施用量是美国的 2.5 倍；地面采用清耕制，果园土壤缺乏科学管理，导致果园土壤环境恶化、肥料利用率低，严重限制果园的健康发展。土肥水管理是实现优质生产的基础，沃土养根是关键，采用果园生草、种植绿肥和有机物料覆盖等方式能培肥果园地力，提高养分的有效性，应结合果园植物体残体回田技术，实现果园植物残体的循环利用，优化化肥与有机肥、生物菌肥、绿肥、废弃物资源配合施用技术，根据不同品种、树龄、立地条件和栽培模式下的需肥参数，进行配方施肥和水肥一体化，实现肥水管理的一体化、精细化、科学化和自动化。

4. 商品化处理和品牌化销售落后

我国苹果的商品化处理水平远远低于发达国家，商品化处理量仅占全国苹果总产量的 10.0%左右。许多果农直接在地头进行人工分级、装箱和交易。多数贮藏企业没有预冷设备及清洗分级设备；冷链流通体系尚未完善，储运不规范；品牌意识淡薄，具有市场竞争力的品牌不多，品牌效应不足。采后商品化处理是提高果品一致性和销售价格、实现产后增值的一个重要步骤，也是生产者最容易忽视的一个环节。今后，应重视完善采后商品化处理，通过机械化处理完成清洗、消毒、涂蜡、分级、包装和入库等程序，提高苹果的商品性状，满足市场对高档果品的需求，增加经济效益。在加工业方面，我国苹果加工总量较小，且加工水平要比发达国家约低 20%。另外，我国苹果加工产品也比较单一，以果汁饮料和浓缩果汁为主，2015 年，我国浓缩苹果汁产量约占世界浓缩苹果汁总量的 60.0%。因此要加强我国苹果的加工转化能力，提升加工企业的生产效率，转变加工方式，创新加工模式，通过技术创新增加苹果产业的贸易利润。

（三）发展趋势

1. 品种结构趋向合理，产业布局持续优化

苹果生产应以市场为导向，根据消费者需求、产业基础、气候条件、地缘位置确定品种，制定产业发展规划，合理调整区域布局，因地制宜发展果业。苹果生产布局目前来看有三大趋势：一是全国布局由东向西战略转移。环渤海湾苹果产区先前是我国苹果栽培最早、产量和面积最大、生产水平最高的产区，但近年来环渤海湾产区苹果种植面积和产量呈现下降趋势，黄土高原产区苹果栽培面积和产量却不断增加。截至 2017 年，环渤海湾产区的苹果栽培面积降至 52.8 万 hm^2，黄土高原产区的苹果栽培面积超过环渤海湾产区，达 96.9 万 hm^2。黄土高原产区已经成为我国甚至是世界上规模最大的苹果优势产区，也是世界苹果产业的风向标和聚焦点。二是产区内部向优生区集中。过去认为黄土高原产区的苹果最适栽培区域在海拔 800～1 200 m，年平均气温为 8.5 ℃，降水量为 500 mm 以上。但经过多年发展，800 m 以下的区域苹果园逐年减少，1 000 m 以上的区域如甘肃静宁、陕西吴起等地苹果产业发展较快，苹果栽培区域呈由低海拔向高海拔地区转移的趋势。三是除两大产区外，一些特色产区优势逐步增强，如新疆阿克苏产区、西南冷凉高地产区。近年来，四川盐源、云南昭通、贵州威宁等地苹果产业发展迅猛，成为我国苹果产业发展的新区域。

从产业整体发展和果品市场、消费需求考虑，应适度调整中、晚熟苹果品种比例，以满足多样化的消费需求。世界苹果主产国的主栽品种在30个以上，一般元帅系、嘎拉系和金冠系各占15.0%左右，而我国以富士苹果为主，栽培面积约占70.0%，其他主栽品种面积较小。新中国成立以来，我国选育的优良品种不少，但我国栽培的自育苹果品种数量约占25.0%，产量构成仅占10.0%，缺少综合性状优异的自育新品种。因此，今后仍应加大品种选育和开发的工作投入，保护本土的优势品种；鼓励高校和科研院所与地方政府、涉农企业、农业产业组织等深化合作，努力培育本土特色苹果新品种。

2. 改革栽培模式，加大果园机械推广力度

我国苹果产业发展进程中经历了规模扩张期和快速发展期。从1978年至1996年，苹果栽培面积增加了161万 hm^2，这时期栽植的果树现在已经开始老化，结果能力下降，正在成为苹果生产中的“鸡肋”，如何将这部分果园更新、使密闭果园提质增效成为当前果业发展的重要课题。下一阶段应因地制宜建立现代矮化密植栽培模式来适应老果园更新，采用间伐改造、省力化修剪、水肥一体化等提质增效技术改造乔化密植果园，建立现代新型苹果生产制度。在栽培模式的选择方面，特别是在砧木的类型、砧木的利用方式、砧穗的组合筛选等方面，应根据各地域条件进行全面评估和筛选，做到适地适栽。

发展现代化苹果产业，规模化是基础，标准化是核心，机械化是关键，产业化是保障。规模化、机械化便于技术的统一，能有效保障产品的质量标准，促进果业走向现代化的发展道路。因此应加大机械化推广力度，最大限度地节约人力，降低生产成本；针对不同果区的实际发展状况，有针对性地研发推广配套机械工具；对于分散农户，可以推广树下作业的小型机具，如开沟施肥机、小型割草机等；对于新建果园，建议引导果农将一家一户的分散经营转变为以龙头企业、合作社、家庭农场为主体的经营方式，合理规划果

园，健全完善作业道路系统，充分保证机械化作业空间。另外，政府还要加大科研投入，组织开展科技攻关，并组织果园机械知识技术培训，使科研产品落地生根。

3. 提升果品质量，保障果品安全

在苹果生产中，果品质量安全是重大的民生问题。我国每年苹果园的农药消耗量就达14.1万t，存在盲目或过量施药的问题，导致部分果品农残较高。因此，加强果品质量安全管理是加快发展优质、高效、高产、生态安全果品的首要举措，通过高效精准施药技术和新型施药机械，实现对症下药，适时适量用药；还要建立健全果品质量的检测和安全追溯体系，保证果品的质量安全；同时要加强绿色、无公害苹果的标准化生产技术推广，以及病虫害综合防治、果园覆盖、水肥综合管理等技术的应用。近年来，果园生草技术和病虫害绿色防控技术逐步得到应用，政府对果业投入品的监管力度逐步加大，质量监测制度逐步健全，对肥料、农药、激素和果品加工保鲜剂等果业投入品的质量监测力度逐步加强；另外还要完善标签、标识等监管手段，依法对果业投入品进行质量安全检查，坚决打击制售和施用假冒伪劣果业投入品的行为，加强果品质量安全管理。

4. 苹果产品多元化，销售品牌化

近几年，深入推进供给侧结构性改革，以“三产融合”为现代果业发展抓手，将农业生产、苹果产品与休闲旅游、田园观光结合起来，政府鼓励扶持发展一批农业休闲小镇、现代果业产业园、苹果观光采摘园区，打造果园综合体，将农业劳动、旅游、观光、餐饮等结合在一起，使苹果产业上的新品种、新技术和新成果及时转化，苹果产业链不断延伸，对其他相关产业的带动作用明显。除此之外，果树盆景是果树栽培技术与传统盆栽、盆景艺术的巧妙结合而形成的新的果树栽培模式，深受广大群众的青睐。随着苹果产品的食用保健功能逐步被大家接受，苹果产品开发走向多元化，以苹果鲜果和果汁为主的产业链体系在逐步提升，苹果花粉、苹果脆片、苹果罐头、苹果醋、苹果酒等多元化产品开发形式已逐步形成，苹果产品文化已成为饮食文化的重要组成部分。

品牌化生产和经营是苹果产业在新形势下实现快速发展的必然选择，要充分利用环境和资源优势，打造地方品牌。在2018年中国果品区域公用品牌价值榜中，山东烟台苹果的品牌价值为137.4亿元，陕西洛川苹果为72.9亿元，甘肃静宁苹果为47.9亿元。随着网络技术的发展，果品产业的信息化与网络化已经成为当今发展趋势，应将互联网融入果品产销，大力发展电商销售等新型营销模式，不断拓宽苹果营销渠道，鼓励采用连锁店的经营形式，提高优质投入品的市场占有率。应支持农民专业合作社发展，通过“基地农户＋合作社（协会）＋龙头企业”模式，与农民结成更紧密的利益共同体，增强农民参与产业化经营的积极性，使苹果产业健康发展，帮助农民脱贫致富。

二、苹果优新品种简介

苹果品种是发展苹果产业的核心，世界上的苹果生产先进国家都重视拥有自主知识产权的优新品种的开发，并把苹果育种作为一项推动整个产业发展的重要事业，以获取国际市场的垄断地位和竞争优势。

（一）国内苹果优新品种

1. 华丹

华丹是中国农业科学院郑州果树研究所以美国 8 号与麦艳杂交育成的早熟苹果新品种。2014 年 3 月通过河南省林木品种审定委员会审定。

果实为近圆形、高桩，平均纵径为 6.50 cm，横径为 7.20 cm，平均单果重为 160.00 g。果实底色为黄白色，果面着鲜红色，片状着色，色泽鲜艳，着色面积达 60.00％以上，个别果实可达到全面着色。果面平滑，蜡质多，有光泽；无锈，果粉中等；果点小，中多，灰白色。果心中小，果肉为白色；肉质中细，松脆，采收时果实去皮硬度为 6.30 kg/cm^2；汁液中多，可溶性固形物含量为 12.30％，可滴定酸含量为 0.49％，风味酸甜，品质中上。树姿直立，树势强健；一年生枝平均长度为 72.00 cm，节间平均长度为 2.70 cm，枝条为褐色，皮孔中等，茸毛较多。叶柄平均长度为 2.90 cm；叶片平展，平均长度为 9.70 cm，平均宽度为 6.10 cm，叶被茸毛较多，叶尖渐尖，叶缘钝锯齿形；每个花序有 7 朵花，花蕾呈粉红色，花瓣为椭圆形、离生。

早果性强，一般定植第 2 年有少量成花，第 3 年正常结果；高接树一般第 2 年即可正常结果，3 年以后进入盛果期；幼树以中果枝和腋花芽结果为主，随树龄增大逐渐以短果枝和中果枝结果为主。连续结果能力强，坐果率高，生理落果轻，易结果，丰产稳产。

在郑州地区 4 月初开花，盛花期为 4 月 2 日至 5 日，花期为 5～6 d；果实 6 月下旬上色、7 月初成熟，果实发育期为 80～85 d，成熟期比藤木 1 号早 5～7 d、比嘎拉早 35～40 d。

抗苹果枝干轮纹病和腐烂病。适宜在嘎拉等早熟苹果种植区栽培。栽植时，乔化苗木栽植株行距为（2.50～3.00）m×（4.00～5.00）m，矮化苗木栽植株行距为（1.50～2.50）m×（3.50～4.00）m。树形可选用自由纺锤形和细长纺锤形。授粉树宜选用藤木 1 号、嘎拉、红露等品种。果实接近成熟时正值高温期，易受热气灼伤，可采用行间生草或秸秆覆盖等方式防止地面裸露，预防灼伤。应根据成熟度分批采收。

2. 华硕

华硕是中国农业科学院郑州果树研究所以美国 8 号与华冠杂交选育成的早熟苹果新品种。2009 年通过河南省林木品种审定委员会审定。

果实近圆形，平均纵径为 7.80 cm，横径为 8.70 cm，果实较大，平均单果重为 232.00 g。果实底色为绿黄色，果面着鲜红色，着色面积达 70.00%，个别果面可达全红。果面蜡质多，有光泽；无锈，果粉少；果点中多，较稀，灰白色。果梗中长，平均长度为 2.40 cm；梗洼深、广。萼片宿存、直立、半开张。萼洼广、陡、中深，有不明显的突起。果肉呈绿白色；肉质中细、松脆，采收时果实去皮硬度为 10.10 kg/cm^2；汁液多，可溶性固形物含量为 13.10%，可滴定酸含量为 0.34%，酸甜适口，风味浓郁，有芳香，品质上等。在山东泰安地区，果实 7 月下旬成熟。室温下可贮藏 20 d 以上，冷藏条件下可贮藏 2 个月，贮藏性优于嘎拉和美国 8 号。

该品种成年树的主干呈黄褐色、较光滑；多年生枝条呈灰褐色，皮孔为圆形、中大、较密；一年生枝条呈深褐色，皮孔小、为椭圆形、中密，茸毛少，平均节间长 2.40 cm；叶片呈深绿色、卵圆形，叶片长 10.00 cm、宽 6.90 cm，叶面积为 43.20 cm^2，中等大，叶被茸毛较少；幼叶为淡绿色，叶缘锐锯齿形，刻痕深，叶尖锐尖；花为白色。

抗炭疽叶枯病。适宜在嘎拉等早熟苹果种植区栽培。栽植时，乔化苗木栽植株行距为（2.50～3.00）m×（4.00～5.00）m，矮化苗木栽植株行距为（1.20～2.00）m×（3.50～4.00）m。树形可选用高纺锤形和细长纺锤形。授粉树宜选用藤木 1 号、嘎拉、珊夏等品种。

3. 金都红嘎拉

金都红嘎拉是山东省招远市果业总站从皇家嘎拉苹果园内发现的优良芽变。2012 年通过山东省农作物品种审定委员会审定。

果实为近圆形，果形指数为 0.86。平均单果重为 199.00 g，最大单果重为 256.00 g，果实大小基本一致；果实浓红色，色相为片红，着色指数为 80.00%，全红果比例为 68.00%～78.00%；果面洁净光亮，梗洼深，萼洼中深，果肉呈乳白色，肉质细、脆，香气较浓，风味酸甜，品质佳。可溶性固形物含量为 12.00%～14.00%，果实去皮硬度为 7.00～8.10 kg/cm^2。

套袋果实于 8 月 15 日解袋，2～3 d 上满色，遇连阴天气时，除袋后 5～6 d 上满色，比皇家嘎拉着色早、上色快 3～7 d，且树冠上、下、内、外均能良好着色，内在品质与皇家嘎拉相当，外观品质明显优于皇家嘎拉。在烟台地区，果实成熟期为 8 月中下旬。

金都红嘎拉苹果树势强健，树冠大，树姿开张，萌芽率高，一般萌芽率为 68.00%，成枝力强；丰产性能、抗病能力、适应性、贮藏能力与皇家嘎拉基本一致。应选生态条件较好、土壤肥沃、排灌方便的平地或山丘地建园，行株距为 4.00 m×3.00 m 或 5.00 m×3.00 m。

金都红嘎拉易感炭疽叶枯病。适宜在冷凉地区种植。栽植时，乔化苗木栽植株行距为（2.50～3.00）m×（4.00～5.00）m，矮化苗木栽植株行距为（1.20～2.00）m×（3.50～4.00）m。树形可选用高纺锤形和细长纺锤形。授粉树宜选用藤木 1 号、美国 8 号、珊夏等品种。

4. 鲁丽

鲁丽是山东省果树研究所以藤木 1 号与嘎拉为亲本杂交选育的苹果新品种。2017 年通过山东省农作物品种审定委员会审定。

果实为长圆形，平均单果重为 188.00 g，最大单果重为 245.00 g，纵径为 6.73 cm，横径为 7.62 cm，果形指数为 0.89，部分果实果形不正。果实底色为黄色，着红色，色泽艳丽，光洁无锈，果粉薄，蜡质厚，有光泽，果点中大。果梗长 2.79 cm、中粗，梗洼中广、中深，萼洼浅、广，萼片中大、直立、闭合。果肉呈黄白色，肉质细脆，汁中多，风味酸甜，有香气。果实去皮硬度为 9.32 kg/cm^2，可溶性固形物含量为 13.60%，可滴定酸含量为 0.35%，品质上等。在山东泰安地区 7 月底成熟。

树势中庸偏旺，树姿稍紧凑，树冠呈圆锥形。多年生枝为赤褐色，皮孔中多、椭圆形、白色、明显；一年生枝呈浅褐色，枝质硬，皮孔为椭圆形、突起，灰白色。叶芽中大，三角形，贴附，茸毛中多；花芽肥大饱满，心脏形，紧凑，茸毛多。叶片为纺锤形，绿色，有光泽，大而中厚，平均叶长为 11.50 cm，平均叶宽为 6.50 cm；叶柄平均长度为 3.20 cm；叶缘平展，复式锯齿形，锯齿钝、中深，叶背绒毛少，叶基呈楔形，叶尖渐尖。花蕾呈玫瑰红色，花瓣为椭圆形、浅红色，花冠直径为 3.9 cm，雄蕊有 17～21 枚。

该品种耐高温、易着色，但管理不当易造成以腋花芽结果为主。不抗白粉病，未发现有炭疽叶枯病。宜采用 M_{26} 自根砧或平邑甜茶乔化栽培，株行距为（1.50～2.00）m×4.00 m。树形选用细长纺锤形或高纺锤形，授粉品种可选用华硕、美国8号、美隆、红星等。

5. 华美

华美苹果是中国农业科学院郑州果树研究所以嘎拉与华帅杂交选育成的苹果新品种。2005年通过河南省林木品种审定委员会审定。2011年通过山东省农作物品种审定委员会审定。

果实为圆形，果形指数为0.84；果实中大，平均单果重为185.00 g，大小均匀；果面底色为黄绿色，全面着鲜艳红色，着色指数达80.00%以上，着色期集中；果面光滑、无锈，果粉少，果点中大、中密；果皮中厚、韧度较强；果顶较平；萼片宿存、闭合；萼洼深、中阔。果梗中等长，平均长度为2.23 cm；果肉为乳黄色，肉质细脆，汁液中多；果实去皮硬度为10.30 kg/cm^2，可溶性固形物含量为14.60%，酸甜适口，香味浓郁；果实有5个心室，心室开放，有8～10粒种子，种子为褐色。在烟台地区8月中上旬成熟，成熟期相对集中，无采前落果现象；果实耐贮性优于嘎拉和美国8号等品种，室温下可贮放20～25 d，冷藏条件下可贮藏50～60 d。

该品种树势强健，干性较强，枝条粗壮，树姿半开张；多年生枝条呈灰褐色，光滑，皮孔大、长圆形；一年生枝条呈浅褐色，有茸毛，皮孔小，节间平均长度为2.87 cm；叶片平均长度为9.36 cm，平均宽度为5.22 cm；叶缘锯齿较锐利，叶尖渐尖；叶片呈浓绿色，叶面平展，叶被茸毛较少；叶芽贴生，长三角形；花蕾呈粉红色，盛开后花瓣为白色，花冠直径为3.45 cm。

对苹果轮纹病表现为高抗。适宜在嘎拉等早熟苹果种植区栽培。栽植时，乔化苗木栽植株行距为（2.50～3.00）m×（4.00～5.00）m，矮化苗木栽植株行距为（1.50～2.50）m×（3.50～4.00）m，树形可选用自由纺锤形和细长纺锤形。授粉树宜选用藤木1号、嘎拉、珊夏等品种。

6. 早红

早红是中国农业科学院郑州果树研究所从意大利引进的嘎拉自然杂交种中选育出的早熟优良品种。2006年通过河南省林木品种审定委员会审定。2011年通过山东省农作物品种审定委员会审定。

果实为圆锥形，平均单果重为201 g，果形指数为0.82；果实底色为绿黄色，全面或多半着鲜红色，不套袋果的着色指数达65.00%以上，蜡质薄，果点小、稀；果顶略带棱，萼片宿存、闭合，萼洼深、阔；果肉为淡黄色，肉质细腻、松脆、汁多，风味酸甜适度、有香味，可溶性固形物含量为14.20%，采收时果实去皮硬度为8.80 kg/cm²，品质上等。果实在8月上旬成熟，成熟期较嘎拉早。果实采收后在一般室温条件下可贮藏15 d，冷藏条件下贮藏30 d后仍能保持其松脆的肉质，其果实综合品质超过普通嘎拉品种。

该品种树姿半开张，树势中庸，属于普通型。多年生枝条呈灰褐色，皮孔椭圆形、中大、中密；一年生枝条阳面呈红褐色，阴面呈黄褐色，皮孔小、中密，有茸毛，节间平均长度为2.44 cm；叶片呈深绿色，多为长椭圆形，平均长度为8.28 cm，平均宽度为4.34 cm，叶缘锯齿较钝，叶尖渐尖；叶芽贴生，长三角形；花蕾呈粉红色，盛开后花瓣为白色，花冠直径为3.25 cm。

高抗苹果轮纹病；在药物防治措施相同的情况下，斑点落叶病、白粉病等叶部病害发生较轻；对苹果锈病的抗病能力强于富士和嘎拉等品种。适宜在嘎拉等早熟苹果种植区栽培。栽植时，乔化苗木栽植株行距为（2.50～3.00）m×（4.00～5.00）m，矮化苗木栽植株行距为（1.50～2.50）m×（3.50～4.00）m。树形可选用自由纺锤形和细长纺锤形。授粉树宜选用早翠绿、嘎拉、珊夏等品种。

7. 龙帅

龙帅是黑龙江省农业科学院牡丹江分院利用寒富与金红为亲本杂交选育的新品种。2016 年 5 月通过黑龙江省农作物品种审定委员会审定。

果实为卵圆形，平均纵径为 5.40～8.20 cm，横径为 5.60～8.70 cm，果形指数为 0.96，果柄长 2.30 cm，梗洼中深，萼片宿存，梗洼、萼洼无果锈。果实底色为淡黄色，全面着红色，条红；果面较光滑，无棱起，皮薄有光泽，蜡质薄，无果粉，果点微凸、小而疏，胴部无果锈。平均单果重为 119.00 g，最大单果重为 185.00 g，外观品质综合评价为极佳；果心小，果肉为淡黄色，质地细腻而松脆，果实去皮硬度为 9.80 kg/cm^2，汁液中等，风味酸甜适度，香气浓，可溶性固形物含量为 13.90%，可溶性糖含量为 12.75%，可滴定酸含量为 0.56%。在黑龙江的东南部地区，9 月上中旬成熟。

该品种幼树直立生长，结果后树姿开张，生长势强。一年生枝条直立生长，萌芽率为 90.00%，成枝力中等，枝条稀疏，短枝率为 68.90%。叶片平均长度为 7.61 cm，平均宽度为 6.80 cm。每个花序有 6 朵花，花冠为白色，花瓣为卵圆形，无重瓣。栽后 3 年结果，以腋花芽结果为主，8～10 年生后转为以中、短果枝结果为主，连续结果能力中等，生理落果程度中等，采前落果程度轻；花序坐果率为 85.00%左右，每个花序坐果 2～3 个；中晚熟，六年生植株产量为 14.70～27.00 kg，七年生植株产量达 40.00 kg 以上。

抗寒力强于寒富，抗黑星病、腐烂病。适宜在黑龙江的东宁盆地温暖区、牡丹江及鸡西周边半山区温凉湿润区和吉林等相似地区种植。栽植时，乔化苗木栽植株行距为 2.00 m×4.00 m，矮化苗木栽植株行距为（1.50～2.00）m×（3.50～4.00）m。树形可选用自由纺锤形和细长纺锤形。授粉树品种可选龙丰、黄太平、龙冠等。

8. 岳艳

岳艳是辽宁省果树研究所利用寒富和珊夏杂交选育出的中熟苹果新品种。2014 年通过辽宁省非主要农作物品种备案委员会办公室备案。

果实为长圆锥形，平均单果重为 240.00 g，最大单果重为 309.00 g，果形指数为 0.89，果形端正。无袋果面呈鲜红色，颜色艳丽。底色为绿黄色，蜡质少，有少量果粉，果面光滑无棱起，有少量梗锈。采收时果实去皮硬度为 8.20 kg/cm^2，果肉为黄白色，肉质细脆，汁液多，风味酸甜，微香，无异味。可溶性固形物含量为 13.40%，总糖含量为 11.53%，可滴定酸含量为 0.42%。在辽宁熊岳地区果实 9 月上旬成熟。较耐贮藏，室温 20 ℃下可贮藏 20 d以上。

该品种树姿开张，树势强；主干呈灰褐色，较光滑；一年生枝为褐色，茸毛多，平均长度为 33.40 cm，平均径粗为 6.20 mm，节间平均长度为 2.00 cm；成熟叶片呈绿色，幼叶呈淡绿色，叶尖渐尖，叶缘锐锯齿形，叶姿斜向上，叶面抱合，叶柄长 3.70 cm，叶片长 9.30 cm、宽 5.10 cm；每个花序平均有 5 朵花，花冠直径为 4.60 cm，花瓣邻接、粉白色、近圆形，无重瓣；果梗长 2.50 cm、粗 3.20 mm，梗洼深，有少量锈斑，萼片宿存、直立、基部连接、闭合，萼洼深、中广；心室半开，种子呈黄褐色。

抗寒能力接近寒富。适宜在与辽南、辽西等气候相似地区栽培。岳艳有一定的自花结实能力，与富士、嘎拉、首红、金冠、岳阳红、岳华及寒富等可相互授粉。乔化苗木栽植株行距为 2.00 m×4.00 m；适宜的矮化砧木为 GM－256、SH 系、辽砧 2 号等，株行距为 1.50 m×4.00 m，宜采用带分枝的优质大苗建园。乔化苗木密植可选用细长纺锤形的树形，树高应控制在 3.50～4.00 m；矮化苗木密植采用高纺锤形的树形。

9. 国庆红

国庆红是国家苹果产业技术体系商丘综合试验站2009年从弘前富士选育出的芽变品种。2016年通过河南省林木品种审定委员会审定。

果实外观近圆形，略扁，平均单果重为328.00 g，最大单果重为512.00 g。果形指数为0.86。果面底色为黄绿色，初熟时呈鲜红色、片红，成熟时呈深红色，自然着色超过80.00%，完熟时个别果实可达全红。果面洁净无果锈，蜡质厚，手触有油腻感。果梗长1.80 cm，较短，中粗。梗洼浅、中广，萼洼浅、宽，萼片宿存，顶部有明显的5棱突起。果心中大，平均每个果实有6粒种子，种子较大、卵圆形、长1.00 cm、宽0.50 cm、褐色。果皮中厚，果肉为黄白色，肉质细脆，汁液丰富，有香味，酸甜可口，风味佳。可溶性固形物含量为15.50%，维生素C含量为58.80 mg/kg，可滴定酸含量为0.54%，果实去皮硬度为8.60 kg/cm^2，品质佳。耐贮性好，常温下可贮存3个月，不沙化。果实生育期为165 d左右，果实9月下旬成熟。

该品种生长势强，树势健壮直立，枝条中密，树冠为圆锥形，树姿半开张；主干呈灰褐色；一年生枝为红褐色，皮孔中多、圆形或椭圆形、灰白色，节间较短，节间平均长度为2.81 cm；多年生枝为灰褐色；成龄叶片平均长度和宽度分别为8.89 cm、5.62 cm，叶片呈长卵圆形，叶尖渐尖，叶基为楔形，叶缘为复锯齿形，锯齿锐利、较稀，叶柄长约3.00 cm，叶片为深绿色、较厚、有光泽，叶缘稍微上卷，叶背茸毛中多，叶姿斜向下，叶芽中等大、贴附；花蕾呈粉红色，花瓣为卵圆形、浅粉色，花径为2.51 cm，花粉量较大，每个花序多有6朵花，每朵花有雌蕊1枚、雄蕊19～22枚。

该品种易得苦痘病，需重点防治苹果苦痘病、早期落叶病；虫害应重点防治红蜘蛛、卷叶虫等。适宜在富士种植区栽培。栽植时，乔化苗木栽植株行距为（2.50～3.00）m×（4.00～5.00）m，矮化苗木栽植株行距为（1.50～2.50）m×（3.50～4.00）m。树形可选用自由纺锤形和细长纺锤形。授粉树宜选用嘎拉、金冠、鲁丽等品种。

10. 华帅

华帅是中国农业科学院郑州果树研究所利用新红星与富士杂交选育成的晚熟优良苹果品种。1996 年通过河南省林木品种审定委员会审定。

果实为近圆形，平均单果重为 276.80 g，果形指数为 0.81，大小匀称。果实果面底色为黄绿色，套袋果全面着条纹状鲜红色；果实花萼反卷，萼洼中深、中阔，梗洼深、阔；果柄长，平均长度为 3.27 cm。果皮较厚，果点小、中密，果面光亮；果心小，果肉呈乳白色，肉质中粗、多汁，果实去皮硬度为 8.20 kg/cm^2，风味酸甜，可溶性固形物含量为 14.20%，香味浓郁，品质上等，无采前落果现象。在烟台地区，9 月底至 10 月初果实成熟，晚于红将军品种，早于红富士品种。

该品种树势健壮，树冠中大，树体为圆锥形，枝条粗壮，萌芽率高，成枝率中等；极易成花，早果性强，坐果率极高，丰产性好，长、中、短枝均可结果，但以短果枝结果为主。

对腐烂病的抗性较强，不抗枝干轮纹病，抗寒和抗早期落叶病能力中等，对苹果苦痘病的抗性较差。华帅具有短枝性状，不适宜用 M_9 自根砧作砧木，矮化栽培时可选用 M_{26} 中间砧或 M_7、MM_{106} 自根砧。栽植时，乔化苗木栽植株行距为（2.50～3.00）m×（4.00～5.00）m，矮化苗木栽植株行距为（1.50～2.50）m×（3.50～4.00）m。授粉品种可选择苹果专用授粉品种，也可选用嘎拉作授粉树。树形可选用自由纺锤形或小冠疏层形。

11. 秦蜜

秦蜜是西北农林科技大学利用秦冠与蜜脆为亲本杂交选育出的中晚熟苹果新品种。2016 年通过陕西省果树品种审定委员会审定。

果实为圆锥形、高桩，果形指数为 0.85，平均单果重为 230.00 g，最大单果重为 353.00 g；果点小、较密，蜡质厚，果皮底色为淡黄色，着艳红色条纹，成熟后全红；果梗较短；果心小，果肉为黄色，酸甜可口，香气浓，汁液中多。果实去皮硬度为 8.42 kg/cm^2，可溶性固形物含量为 14.90%，总糖含量为 12.20%，可滴定酸含量为 0.40%，维生素 C 含量为 15.97 mg/kg。无采前落果现象。果实耐贮藏，采后应及时放入冷库贮存，0～2 ℃可贮藏 6 个月以上。在陕西洛川 3 月下旬萌芽，4 月上旬现蕾，4 月中下旬开花，9 月初果实开始着色，9 月下旬成熟。树势中庸，树形紧凑。萌芽率高，成枝力强。新梢长 30～60 cm，中短枝比例高，秋梢较多，生长量较大。花芽饱满，茸毛少。初果期长、中、短果枝及腋花芽均能结果，盛果期以中、短果枝结果为主，连续结果能力强。

抗旱、抗寒性强，对早期落叶病有一定抗性，蚜虫、叶螨和潜叶蛾危害程度轻。矮化中间砧、矮化自根砧或乔化砧栽培均可，基砧建议采用富平楸子、吴起楸子、八棱海棠等，矮化砧木以 M_{26} 为宜。矮化自根砧适宜的株行距为（1.00～1.50）m×（3.50～4.00）m，矮化中间砧适宜的株行距为（1.50～2.00）m×4.00 m，乔化苗木适宜的株行距为（2.50～3.00）m×（4.00～5.00）m。授粉树可选用富士系、嘎拉系、元帅系、金冠、皮诺娃等，也可配置海棠类专用授粉树。树形宜采用自由纺锤形或高纺锤形。可以不套袋栽培，但套袋栽培使果面更加艳丽。

12. 秦脆

秦脆是西北农林科技大学利用长富 2 号与蜜脆为亲本杂交育成的晚熟苹果新品种。2016 年通过陕西省果树品种审定委员会审定。

果实为圆柱形，平均单果重为 268.00 g，果形指数为 0.84。果点小，果皮薄，果面光洁，蜡质厚，底色为浅绿色，套袋果着条纹状红色，不套袋果呈深红色；果心小；果肉为淡黄色，有香味，质地脆，汁液多。果实去皮硬度为 6.70 kg/cm²，可溶性固形物含量为 14.80%，总糖含量为 12.60%，可滴定酸含量为 0.26%，维生素 C 含量为 195.80 mg/kg。在陕西洛川 10 月上旬成熟，生育期为 170 d，无采前落果现象。果实耐贮藏，0 ～2 ℃可贮藏 8 个月以上。

树势中庸，树姿开张。多年生枝为浅褐色，一年生枝为褐色。叶片为卵圆形、浓绿色，叶缘向叶背轻度卷曲。花芽为圆形，肥大，饱满；花蕾呈粉红色，花中等大，花瓣为椭圆形、白色。萌芽率和成枝力中等；新梢长 20 ～ 50 cm，枝条粗壮。以中、短果枝结果为主，易成花芽，连续结果能力强。

抗褐斑病能力强，早果性优，丰产性较好。采用矮化自根砧、中间砧或乔化砧均可，株行距分别为（1.00～1.50）m×（3.50 ～4.00）m、（1.50～2.00）m×4.00 m 或 3.00 m×5.00 m。授粉树选用嘎拉系、元帅系等品种，按照 12.50% ～20.00%搭配，也可按照 10.00%配置海棠类专用授粉树。树形宜采用自由纺锤形或高纺锤形。

13. 华庆

华庆是中国农业科学院果树研究所利用金冠与华富为亲本杂交育成的苹果新品种。2017 年 12 月通过农业部非主要农作物品种登记备案。

果实为扁圆形，平均单果重为 220.00 g，最大单果重为 300.00 g，果形指数为 0.80。果面较光滑，无果棱，蜡质少，果点较疏、较大；底色为绿黄色，着鲜红色，光照条件好时可以全面着色，呈片红，外观艳丽；果皮较薄。果肉为淡黄色，质地松脆、较细腻，多汁，风味香甜适口，有香气，果实去皮硬度为 7.40 kg/cm²，可溶性固形物含量为 15.50%，可溶性糖含量为 12.10%，可滴定酸含量为 0.50%，品质上等。耐贮藏，冷库贮藏期可达 5 个月。在辽宁兴城 9 月下旬成熟。

该品种树姿开张，主干为灰褐色，光滑无病斑。一年生枝为红褐色，皮孔中多。叶片呈绿色，长 7.95 cm、宽 6.78 cm，叶尖形状渐尖，有复式锐锯齿，叶片姿态呈斜向上，叶面平展，叶背茸毛稀疏。每个花序有 5 朵花，花冠直径 4.00 cm 左右，花蕾为粉红色，花瓣为椭圆形，花瓣相对位置为离生。

华庆苹果斑点落叶病、苹果褐斑病发生较轻，抗性优于金冠，与华富相似。栽植时，乔化苗木栽植株行距为（4.00～5.00）m×（3.00～4.00）m。华红、嘎拉、寒富等均可作为授粉品种。树形可选择纺锤形、主干形。

14. 瑞阳

瑞阳是西北农林科技大学利用秦冠与富士为亲本杂交选育出的红色晚熟品种。2015 年通过陕西省果树品种审定委员会审定。

果实为圆锥形或短圆锥形，平均单果重为 282.30 g，果形指数为 0.84；底色为黄绿色，着全面鲜红色，果面平滑，有光泽，果点小、中多、浅褐色，果粉薄，外观好，易于无袋栽培；果肉为乳白色，肉质细脆，汁液多，风味甜，具香气。果实去皮硬度为 7.21 kg/cm^2，可溶性固形物含量为 16.50%，总糖含量为 14.00%，可滴定酸含量为 0.33%，果实肉质细脆、多汁，风味酸甜、偏甜，品质接近富士，明显优于秦冠。10 月中下旬果实成熟，果实耐贮藏，在常温条件下可贮藏 5 个月，冷库中可贮藏 10 个月，最佳食用期为采后 60 d 左右。

该品种生长势中庸，树姿较开张。主干为黄褐色，一年生枝为红褐色，皮孔中多、圆形或椭圆形、灰白色，节间较短，节间平均长度为 2.70 cm；多年生枝为灰褐色。成龄叶片平均长度和宽度分别为 10.50 cm 和 6.20 cm，叶片为长卵圆形，叶尖渐尖，叶基为楔形，叶缘为复锯齿形、锐利、较稀。叶柄长约 3.20 cm。叶片深绿、较厚、有光泽，叶缘稍微上卷，叶背茸毛中多，叶姿斜向下。叶芽中等大，贴附。花蕾为粉红色，花瓣为卵圆形、浅粉色，花径为 3.30 cm，花粉量较大，每个花序多有 6 朵花，每朵花有雌蕊 1 枚、雄蕊 17～20 枚。

高抗褐斑病、白粉病，适应性强。在陕西渭北北部、中部和南部均可栽培；在海拔 850 m 以上区域着色表现更为突出；不同区域的果实硬度差异不大，但随海拔升高，果实酸度明显增大，耐贮藏性提高。乔化苗木栽培的适宜株行距为 3 m×4 m，矮化自根砧或中间砧密植栽培的适宜株行距为（1.50～2.00）m×（3.50～4.00）m。可选用金冠、嘎拉、华硕等品种作为授粉品种，宜选用细长纺锤形或高纺锤形树形。

15. 瑞雪

瑞雪是西北农林科技大学利用秦富 1 号与粉红女士为亲本杂交选育成的晚熟黄色苹果新品种。2015 年通过陕西省果树品种审定委员会审定。

果实为圆柱形，平均单果重为 296.00 g，果形端正、高桩，果形指数为 0.90。底色为黄绿色，阳面偶有少量红晕（特别是在高海拔区），果点小、中多、白色，果面洁净，无果锈，外观品质明显优于金冠、王林。果梗长 2.45 cm、中粗，梗洼中广、中深，萼洼中深、广，萼片小、闭合。果肉硬脆、黄白色，肉质细，酸甜适度，汁液多，香气浓，品质佳。果实去皮硬度为 8.84 kg/cm^2，可溶性固形物含量为 16.00%，可滴定酸含量为 0.30%，总糖含量为 12.10%，维生素 C 含量为 68.20 mg/kg。在常温条件下保鲜袋内可贮藏 5 个月。10 月上旬果实成熟，无采前落果现象。

该品种生长势中庸偏旺，树姿较直立。主干为黄褐色，一年生枝为红褐色，皮孔中多、圆形或椭圆形、灰白色，节间较短，节间平均长度为 2.20 cm；多年生枝为灰褐色。成龄叶片平均长度和宽度分别为 10.89 cm 和 6.50 cm，叶片为长卵圆形，叶尖渐尖，叶基为楔形，叶缘呈复锯齿状，锯齿锐、稀。叶柄长约 3.00 cm。叶片深绿色、较厚、有光泽，叶缘稍微上卷，叶背茸毛中多，叶姿斜向下。叶芽中等大，贴附。花蕾呈粉红色，花瓣呈卵圆形、浅粉色，花径为 3.51 cm，花粉量较大，每个花序多有 6 朵花，每朵花有雌蕊 1 枚、雄蕊 19～22 枚。

抗白粉病，较抗褐斑病等叶部病害，抗旱、抗寒能力较强。瑞雪具短枝性状，乔化苗木或矮化苗木均可栽培，矮化砧可选用 M_{26}、M_9T_{337}、B_9 等。乔化苗木栽培的适宜株行距为 3 m×4 m；矮化自根砧或中间砧密植栽培的适宜株行距为（1.50～2.00）m×（3.50～4.00）m。可选用金冠、嘎拉、华硕等品种作为授粉品种，宜选用细长纺锤形或高纺锤形树形。

16. 寒富

寒富是沈阳农业大学利用东光与富士杂交选育出的抗寒苹果品种。1998 年通过辽宁省农作物品种审定委员会办公室审定。

果实为圆形，平均单果重为 256.00 g，果实高桩，果形指数平均为 0.89，果形端正；着色容易，全红果比例高，套袋果为条纹状全红，果个大小整齐一致；果实商品率极高，一级果比例明显高于富士；寒富果实炭疽病、轮纹病较轻。果实可溶性固形物含量为 14.50%，风味浓，有香气，果肉质地较松软。寒富果实去皮硬度为 8.00 kg/cm^2，果面有蜡质，富有光泽，外观极美，商品价值高。

具有短枝性状，平均节间长 1.79 cm，短枝率为 75.90%，短果枝结果占 61.20%，易结果，树体矮化，便于管理；具有较好腋花芽结果能力，果台副梢连续结果能力强，早实丰产性好，无隔年结果现象；用优质大苗建园 2 年结果，亩* 平均产量为 600.00 kg 左右，3 年后亩平均产量为 1 500.00 kg 左右，4 年后亩平均产量为 3 100.00 kg左右。

物候期与短枝富士基本相同。3 月下旬萌芽，4 月下旬盛花，花期 1 周左右。果实成熟期比宫崎短枝富士早 10 d 左右，果实采收期长，9 月下旬就可与红将军一起采摘。

17. 华苹

华苹是辽宁省果树科学研究所利用寒富和岳帅为亲本杂交选育

---

* 亩为非法定计量单位，1 亩≈667 m^2。——编者注

出的晚熟苹果新品种。2009 年通过辽宁省非主要农作物品种备案委员会备案。

果实为圆锥形，果形指数为 0.86，果形端正。平均单果重为 295.00 g，最大单果重为 545.00 g；底色为黄绿色，全面着鲜红色，果面光滑；果肉为黄白色，肉质松脆、中粗，汁液多，风味酸甜微香；果点较密，果皮较厚，蜡质均匀；果实去皮硬度为 11.20 kg/cm^2，可溶性固形物含量为 15.30%，可溶性糖含量为 12.49%，可滴定酸含量为 0.22%，维生素 C 含量为 52.00 mg/kg。

该品种树势强，树姿开张。主干为灰褐色，较光滑；一年生枝为黄褐色，茸毛少，平均长 60.90 cm、粗 8.50 mm，节间平均长 2.10 cm。叶片为浓绿色，幼叶为淡绿色，叶面平展，叶柄长 2.80 cm，叶片长 8.20 cm、宽 5.80 cm。每个花序平均有 5 朵花，花冠平均直径为 4.40 cm，花瓣呈粉白色。

在辽宁熊岳地区，4 月上旬花芽萌动，4 月下旬初花，4 月末盛花，5 月初终花，9 月中旬开始着色，10 月中旬果实成熟，果实发育期为 165 d 左右，11 月上旬落叶，营养生长期为 220 d。果实较耐贮藏，可冷藏至翌年 3 月。

抗寒性较强，适宜在辽宁的大连、营口、葫芦岛及其他生态条件相似的地区栽植。乔化苗木株行距为 3.00 m×5.00 m，矮化苗木株行距为 2.00 m×4.00 m。授粉品种可选富士、嘎拉、首红、岳阳红、金冠等。乔砧树树形采用自由纺锤形，密植树用细长纺锤形。

18. 岳华

岳华是辽宁省果树研究所利用寒富与岳帅为亲本杂交育成的苹果晚熟新品种。2012 年通过辽宁省非主要农作物品种备案委员会办公室备案。

果实为长圆形，果形指数为 0.94，果形端正。平均单果重为 215.00 g，最大单果重为 325.00 g；果实底色为黄绿色，全面着鲜红色，色相为条红。果面蜡质少，无果粉，果面光滑，无棱起。果梗长3.20 cm、粗2.50 mm，梗洼深，无锈；萼洼深、中广；萼片宿存、直立，基部连接、闭合；果心中大，种子呈褐色。果肉呈黄白色，肉质松脆、中粗，汁液多，风味酸甜，微香，无异味，品质上等。采收时果实去皮硬度为11.90 kg /cm^2，可溶性固形物含量为15.50%，总糖含量为12.74%，可滴定酸含量为0.37%；果实耐贮藏，在冷藏条件下贮藏140 d后，去皮硬度为8.02 kg/cm^2，可溶性固形物含量为14.10%，可滴定酸含量为0.21%，维生素C含量为44.48 mg/kg。耐贮藏性与寒富相当，比岳帅强，冷藏可贮藏至翌年4月。在辽宁营口，果实10月中旬成熟。

该品种树姿开张。主干为灰褐色，较光滑；一年生枝呈黄褐色，茸毛少。成叶为浓绿色，叶片长8.00 cm、宽5.20 cm，百叶重72.00 g；幼叶呈淡绿色，叶尖锐尖，叶缘呈钝锯齿状，叶姿斜向上，叶面平展，叶柄长2.50 cm。每个花序平均有5朵花，花冠直径为4.40 cm，花瓣重叠、粉白色、近圆形，无重瓣。

抗寒性较好。栽植时，乔化苗木株行距以3.00 m×5.00 m为宜；矮化苗木株行距以1.00 m×3.50 m为宜。授粉品种可选珊夏、嘎拉、岳阳红、金冠等。乔砧树树形选用自由纺锤形，密植树树形选用细长纺锤形或高纺锤形。要注重防治桃小食心虫和苹果早期落叶病。

19. 望香红

望香红是辽宁省果树研究所于2006年在大连市瓦房店市赵屯乡的富士与红星混栽苹果园中发现的苹果新品种，2012年通过辽宁省非主要农作物品种备案委员会备案。

果实为短圆锥形，纵径为6.96 cm，横径为8.28 cm，果形指数为0.84。平均单果重为240.00 g，最大单果重为320.00 g。果实底色为绿黄色，果面着鲜红色，全部着色；果面光洁，平滑有光泽，顶部有棱状突起，无果锈；果点小、多、灰白色，较明显；部分果实梗洼有突起；萼片宿存，直立；果皮薄，果肉呈黄白色，肉质松脆、较细，汁液中多，香气浓郁，风味甜，品质上等。可溶性固形物含量为14.10％，可滴定酸含量为0.32％，维生素C含量为55.30 mg/kg，果实去皮硬度为8.80 kg/cm²；果实耐贮藏，冷藏条件下可贮藏至翌年4月末。在辽宁瓦房店，果实10月中旬成熟。

该品种树姿开张，一年生枝为深褐色，皮孔中大，茸毛中多。叶片呈绿色，长8.50 cm、宽5.70 cm，叶尖渐尖，叶缘呈复锯齿状，叶姿斜向上，叶面平展，幼叶呈淡绿色，叶柄长3.10 cm。每个花序有5朵花，花蕾为淡粉红色，花瓣邻接、卵圆形，无重瓣。

抗寒性较强，早期落叶病比金冠轻，轮纹病比富士轻。在辽宁、河南、山东、河北、陕西、四川、新疆、云南、甘肃、江苏等地的区域试验中，该品种长势良好，在富士适栽区均可栽培。栽植时，乔化苗木株行距以（2.50～3.00）m×（4.50～5.00）m、矮化苗木株行距以1.00 m×3.50 m为宜。授粉品种可选珊夏、嘎拉、岳阳红、金冠等。乔砧树树形选用自由纺锤形，密植树树形选用细长纺锤形或高纺锤形。

20. 烟富7号

烟富7号是山东蓬莱市果树工作站从秋富1号富士中选育出的短枝型新品种。2014年通过山东省农作物品种审定委员会审定。

果实为长圆形，果形端正，果形指数为0.89。大果型，平均单果重为265.00 g；果实着色迅速，5 d时间内全红果比率即可达98.00％，浓红色，色相为片红，平均着色度为97.30％，品质上乘，可溶性固形物含量为14.73％，果肉去皮硬度为8.78 kg/cm²。果实10月下旬成熟。宽行密植，合理的株行距为（2.50～3.00）m×4.00 m。授粉树为专用品种红玛瑙。

烟富7号与烟富6号的植物学特征相似，树姿半开张，干性较强，枝条粗壮。多年生枝条呈赤褐色，皮孔中小、较密、圆形、突起、白色。叶片多为椭圆形、浓绿色、中大，叶片平均长8.00 cm、宽5.00 cm，叶面平展，叶背茸毛较少，叶缘锯齿较钝，托叶小，叶柄长 2.00 cm。每个花序多为 5 朵花，花蕾呈粉红色，盛开后花瓣为白色，花冠直径为 3.20 cm，花粉中多，开花较整齐。

21. 烟富 8 号

烟富 8 号是山东烟台现代果业科学研究所从富士系列芽变品种中选育出来的着色系晚熟苹果优良品种。2013 年通过山东省农作物品种审定委员会审定。

果实为长圆形，平均果形指数为 0.91，高桩端正；果个大，平均单果重为 315.00 g；果实着色为全面浓红，色相为先条红后片红、艳丽；果面光滑，果点稀、小；果肉呈淡黄色，肉质致密、细脆，果实去皮硬度为 9.20 kg/cm^2；汁液丰富，可溶性固形物含量为 14.00%。在烟台地区，10 月下旬果实成熟。

树冠中大，树势中庸偏旺，干性较强，枝条粗壮，树姿半开张。多年生枝为赤褐色，皮孔中小、较密、圆形、突起、白色。叶片中大，平均叶宽 5.30 cm、长 7.80 cm，多为椭圆形，叶片色泽浓绿，叶面平展，叶披茸毛较少，叶缘锯齿较钝，托叶小，叶柄长 2.30 cm，花蕾呈粉红色，盛开后花瓣为白色，花冠直径为 3.10 cm，花粉中多。

栽植时，乔化苗木株行距以（2.50～3.00）m×（4.50～5.00）m、矮化苗木株行距以 1.20 m×3.50 m 为宜。授粉时可选维纳斯黄金、嘎拉、华红、王林等作为授粉树。乔砧树树形选用自由纺锤形，密植树树形选用细长纺锤形或高纺锤形。

22. 烟富 10 号

烟富 10 号是在山东蓬莱市刘家沟镇木基杨家村一处烟富 3 号果园中发现的着色系芽变品种。2011 年通过山东省农作物品种审定委员会审定。

烟富 10 号果实为长圆形，平均单果重为 326.00 g，高桩，果形指数为 0.90。色泽艳丽，富有光泽，片红，着色好，全红果比例达 81.00%以上。套袋果脱袋后上色特快，且能长时间保持鲜艳色泽。果肉为淡黄色，爽脆多汁，肉质致密、细脆，果实去皮硬度为 9.20 kg/cm^2，可溶性固形物含量为 15.00%，味甜微酸，风味佳。果实发育期为 170～180 d。10 月下旬果实成熟。

树冠中大，树势中庸偏旺，干性较强，枝条粗壮，树姿半开张。多年生枝为赤褐色，皮孔中小、较密、圆形、突起、白色。叶片中大，平均叶宽 5.20 cm、长 7.90 cm，多为椭圆形，叶片色泽浓绿，叶面平展，叶披茸毛较少，叶缘锯齿较钝，托叶小，叶柄长 2.20 cm；花蕾呈粉红色，盛开后花瓣为白色，花冠直径为 3.20 cm，花粉中多。

乔化苗木适宜的栽培株行距为 4.00 m×3.00 m，每亩可栽 56 棵。自根砧 M_9T_{337} 适宜的株行距为 3.5 m×（1.00～1.50） m，每亩可种植 120～190 棵。烟富 10 号属于晚熟富士品种，可以按 7∶1 搭配授粉树，授粉树可选用烟嘎 3 号、金都红、无锈金帅、藤牧一号、珊夏、泰山早霞等。采用“品”字形布置，也可利用地堰地头或行间插植的办法配置专用授粉树红玛瑙。

23. 美乐富士

美乐富士是山东烟台市农业科学院果树分院苹果研究所选育的富士着色系变异。2014 年通过山东省农作物品种审定委员会审定，2018 年获得农业农村部非主要农作物品种登记。

果实为长圆形，果形指数为 0.88；果个大，平均单果重为 267.80 g，萼洼、梗洼与长富 2 号相同；果梗长度与长富 2 号相似，平均长 2.70 cm；果实底色为黄绿色，果面全面着鲜红色，萼洼、梗洼亦可着色，果皮蜡质厚，果面光滑洁净无锈，有果粉；果点小、较稀、黄色，果点密度平均为 5.10 个/cm^2，果点数量明显少于烟富 3 号；萼片宿存、闭合；果肉为乳黄色，肉质细脆，果实去皮硬度为 8.40 kg/cm^2，汁液中多，可溶性固形物含量为 14.50%；果实风味酸甜，香气浓郁；耐贮藏性和长富 2 号等品种无差异，无采前落果现象。

树冠中大，树势中庸偏旺，干性较强，枝条粗壮，树姿半开张。多年生枝为赤褐色，皮孔中小、较密、圆形、突起、白色。一年生枝条为灰褐色，斜生，皮孔圆形、较小、稀疏、不规则，茸毛中多，节间平均长度为2.30 cm；多年生枝粗壮，呈灰褐色；叶片为椭圆形、浓绿色，叶面光滑，先端渐尖，基部较圆，叶缘为复锯齿状，叶背面茸毛较多、黄褐色，叶脉突起，叶姿斜向上，叶面上卷；花芽为圆锥形，叶芽为三角形、中大，每个花序有5朵花。

24. 紫弘富士

紫弘富士是山东省果树研究所与山东龙口市南村果园果业有限公司在山东大辛店镇响吕村吕宗启果园发现的一个优良着色单株。2016年通过山东省农作物品种审定委员会审定。

果实为长圆形，平均单果重为267.00 g，果形端正，果形指数为0.91。果面光洁，光洁度指数为92.20%。上色特别快，全红果率在98.00%以上，且能长时间保持色彩艳丽。果肉为淡黄色，爽脆多汁，酸甜爽口，可溶性固形物含量为15.60%，果实去皮硬度为8.50 kg/cm^2，品质上等。在烟台地区，果实10月下旬成熟。

树姿半开张。多年生枝为赤褐色，皮孔中小、较密、圆形、突起、白色。当年生枝节间长2.80 cm。叶片中大，多为椭圆形，平均长7.80 cm、宽5.30 cm，叶片色泽浓绿，叶面平展，叶背茸毛较少，叶缘锯齿较钝，托叶小，叶柄长2.30 cm。花蕾呈粉红色，盛开后花瓣呈白色，花冠直径为3.10 cm，花粉中多。

宜采用宽行密植，矮化自根砧苗木的适宜株行距为（3.20～3.50）m×（0.80～1.20）m，乔化砧苗木为（4.50～5.00）m×（3.00～4.00）m。授粉树可选嘎拉或专用授粉品种红玛瑙。若采用矮化自根砧、矮化中间砧苗建园，则树形建议选用纺锤形；若采用乔化砧苗建园，则建议选用改良纺锤形。

25. 龙富

龙富是1996年在山东龙口市东江镇某苹果园中17年生的长富

2 号苹果树上发现的短枝型芽变。2012 年通过了山东省农作物品种审定委员会审定。

果实为近圆形或长圆形，平均单果重为 222.00 g，纵径为 6.31～7.80 cm，横径为 7.81～8.42 cm，果形指数为 0.87，果实整齐度高。果面光洁，着片状红色，脱袋后 7～9 d 着全色，优果率达 90%以上，果肉为白色，肉质细嫩，香味浓郁，口感极佳；果实去皮硬度为 9.20 kg/cm^2，可溶性固形物含量为 16.16%，可溶性糖含量为 11.67%，可滴定酸含量为 0.39%，品质优良。

在山区或丘陵地区可选择乔化砧，按 3.00 m×4.00 m 或 2.50 m×4.00 m的株行距建园；在苹果矮化砧适宜推广栽培区及平原地区，可选择 M_9T_{337} 等矮化自根砧或矮化中间砧，按 1.00 m×4.00 m 或 2.00 m×4.00 m 的株行距建园。龙富比烟富 6 号枝条更新能力强，不易早衰。可选择嘎拉、珊夏及金帅等苹果品种作为授粉树，亦可定植海棠类专用高效授粉树。

26. 沂源红

沂源红苹果是 1994 年山东在沂源县西里镇山西万村发现的红富士短枝型的芽变品种。2012 年 10 月通过了山东省农作物品种审定委员会审定。

果实为长圆形，平均单果重为 335.20 g，果形指数为 0.87～0.91，果面条红色，色泽艳丽，全条红果比例达 85%以上；果肉呈黄白色，细脆多汁，平均可溶性固形物含量为 15.70%，果实去皮硬度为 8.20～9.10 kg/cm^2，风味香甜，综合性状优良。在沂源地区，果实 10 月中旬成熟。

沂源红苹果宜宽行密植栽培。建园栽植乔化苗木时，株行距宜为（2.50～3.00）m×4.00 m，采用自由纺锤形整枝；栽植矮化中间砧（如 M_{26}）苗木时，株行距宜为（1.50～2.00）m×3.50 m；栽植矮化自根砧（如 M_9）苗木时，株行距宜为（0.75～1.00）m×3.00 m。

27. 龙红蜜

龙红蜜是山东省龙口市农业技术推广中心与山东龙口市果树研究所选育的烟红蜜芽变品种。2008 年通过山东省农作物品种审定委员会审定。

果实高桩，平均单果重为 180.00 g 左右，属于中型果；果形指数为 0.87；果形匀称，果顶平滑无棱；果柄中长、中粗，有部分肉突。果皮较厚，无锈，果粉多，蜡质层厚，光泽细腻，蜡亮；果实底色为绿色，盖色为紫红色，色度较深，色型为满红。果实皮孔稀而细小。果肉为乳黄色，果汁中等，肉质硬脆，风味甘甜，有芳香味，可溶性固形物含量为 15.00%，果实去皮硬度为 7.70 kg/cm^2。在烟台地区，8 月下旬果实开始着色，10 月上中旬果实成熟，较烟红蜜早熟 15 d。果实耐贮藏性优于烟红蜜，室内一般可贮藏至翌年 5 月上中旬，在低温气调库中可贮藏至翌年 8 月。

该品种树势健壮，树姿开张，一年生枝萌芽率高，成枝力强。易形成花芽，以中、短果枝结果为主。自花结实率为 36.70%。较抗腐烂病、轮纹病、炭疽病、早期斑点落叶病、白粉病。

28. 华月

华月是中国农业科学院果树研究所利用金冠与华富为亲本杂交育成的苹果新品种。2010 年通过辽宁省非主要农作物品种备案委员会办公室备案。

果实为圆柱形，果形指数为 0.92，平均单果重为 230.00 g，最大单果重为 300.00 g；果皮呈黄绿色，完熟后呈黄色，阳面带红晕，平滑光洁，无果锈；果肉呈黄白色，松脆中细，汁液多，具有富士苹果风味，果实去皮硬度为 7.03 kg/cm^2，可溶性固形物含量为 14.60%。在辽宁兴城地区，10 月下旬果实完全成熟。耐贮藏，贮藏过程中不用保鲜袋，在冷库中可贮至翌年 3、4 月仍能保持风味不变，且不易出现皱皮。

该品种树势中强，树冠为半圆形。树干为褐色，表面光滑。一年生枝条呈紫褐色，皮孔中多。叶片为椭圆或阔椭圆形，叶尖渐尖，平均单叶面积为 40.70 cm^2，叶长 8.60 cm、宽 5.40 cm，叶柄长 2.50 cm；叶背茸毛中多。花蕾为深红色，花冠为白色，花粉中多，雌雄蕊发育健全。

该品种抗寒，高抗苹果早期落叶病、果实轮纹病，适宜在辽宁、河北栽培。授粉树可选嘎拉、富士、元帅、金冠等品种。

29. 岳冠

岳冠是辽宁省果树研究所利用寒富与岳帅为亲本杂交选育出的苹果新品种。2014 年通过辽宁省非主要农作物品种备案委员会办公室备案。

果实为近圆形，果形端正，果形指数为 0.86，平均单果重为 225.00 g，最大单果重为 480.00 g，果个整齐；果面底色为黄绿色，全面着鲜红色，色泽艳丽，易着色；果面光滑无棱起；果点小，梗洼深，无锈，蜡质少，无果粉，果肉为黄白色，肉质松脆，中粗，汁液多，风味酸甜适度，微香，无异味。可溶性固形物含量为 15.40%，总糖含量为 12.60%，可滴定酸含量为 0.39%，维生素 C 含量为 43.80 mg/kg，果实去皮硬度为 9.80 kg/cm^2，品质上等。果实 10 月中下旬成熟，耐贮藏，恒温条件下可贮藏到翌年 4 月初。

该品种树姿开张，树势强。主干为灰褐色，光滑。一年生枝为黄褐色，茸毛少。幼叶翠绿，成熟叶片呈浓绿色，叶面平展，叶缘为钝锯齿形，叶姿斜向上，叶尖锐尖，叶柄长 2.40 cm，叶片长 8.80 cm、宽 5.50 cm，百叶重为 75.00 g；每个花序有 5 朵花，花冠直径为 4.50 cm，花瓣重叠、粉白色、近圆形，无重瓣。

该品种抗寒性强，适应性广。易采用优质苗木建园，栽植乔化苗木的株行距为 3.00 m×4.00 m，矮化中间砧苗木株行距以 2.00 m×4.00 m 为宜；授粉品种可选用富士、嘎拉、首红、金冠、寒富等。乔砧栽培园树形宜选用自由纺锤形，矮化密植园树形应选用细长纺锤形。

（二）国外苹果优新品种

1. 瑞媞娜

瑞媞娜是德国德累斯顿果树研究所从（Cox Orange×Oldenburg）×*Malus floribunda* 的杂交苗中选育出的优良鲜食苹果新品种，1991 年育成。

果实为长圆形，果个大，最大单果重为 248.00 g，平均单果重为 202.00 g。果型为高桩，果形指数为 0.91。果实底色为黄绿色，全面着鲜红色，果面光滑，蜡质中厚，果点中大、中密，果顶平，萼洼中阔、中深，萼片宿存，梗洼中阔、中深，外观漂亮。果肉呈黄白色，肉质脆，酸甜适口，果实去皮硬度为 8.80 kg/cm^2，可溶性固形物含量为 13.63%，可滴定酸含量为 0.49%。自然条件下果实贮藏期为 15 d 左右。

树势中庸，树姿开张，树冠为圆锥形，干性较强。主干和多年生枝为灰褐色，一年生枝为黄绿色，皮孔小、中密，枝条较硬，一年生枝条平均粗度为 0.56 cm，节间平均长度为 2.35 cm。萌芽率高，成枝力强。叶芽中大，三角形，贴生，茸毛中多。叶姿斜向上，叶片呈卵圆形、平展、绿色、无茸毛、有光泽，平均叶片长 8.08 cm，平均宽 4.80 cm，叶柄平均长 2.28 cm，叶缘为单锯齿形，锯齿较钝、裂刻中深，叶尖渐尖。花蕾呈粉红色，花瓣呈淡粉色。

在山东烟台地区，4 月上旬为芽萌动期，4 月 16 日至 18 日为花序伸长期，4 月 26 日至 28 日为盛花期，7 月下旬为果实成熟期，果实发育期为 85 d 左右，11 月下旬为落叶期。

该品种适应性广，对土壤、气候、肥水条件无严格要求。高抗春季花期晚霜冻害；对苹果轮纹病、白粉病、褐斑病等抗性较强，对苹果锈病、腐烂病、冬季低温抗性较差。

2. 信浓红

信浓红是日本长野县果树试验场用津轻和维斯塔·贝拉育成的早熟苹果新品种，1983年杂交，1997年命名。

果实为圆形，果形指数为0.86，果实匀称。果个中大，平均单果重为206.00 g。果面底色为黄绿色，全面着鲜艳条纹红色，着色面积达70.00%以上，树冠内外均可正常着色，果实着色期集中，7月末开始着色，1周即着色完毕；果皮蜡质薄，果点小、稀少，果面光滑，外观漂亮；果实萼片宿存、闭合，萼洼中深、阔，梗洼深、阔；果柄细、短，平均长度为2.10 cm；果肉呈黄色，脆、甜，多汁，有香味，口感极佳，但是过熟易绵，可溶性固形物含量为14.50%，果实去皮硬度为8.20 kg/cm^2。果实有5个心室，心室开放，有8～10粒种子，种子呈褐色。果实7月底8月初成熟，无采前落果现象，耐贮藏性与嘎拉相当，自然条件下货架期可达2周左右。

该品种干性强，主干侧枝明显。多年生枝条为黄褐色，一年生枝条为红褐色，皮孔为长圆形、中密；节间平均长度为2.80～3.20 cm；叶片为长卵圆形，绿色，表面光滑，中厚，平均长11.60 cm、宽6.80 cm，叶缘为钝锯齿形，刻痕浅，叶尖渐尖，叶片平展，叶姿水平，叶柄长3.10 cm，幼叶呈淡绿色。花芽为圆锥形，花为白色，花瓣上端着淡粉色，花瓣较宽，花瓣边缘相互重叠，略带褶皱，每个花序有5朵花。树势强健，枝条萌芽率高。易成花，花序以叶丛花序为主。自然授粉条件下，花序坐果率达到83.20%，花朵坐果率达到58.00%。

在山东烟台地区，一般年份的花芽萌动期为4月8日至10日，叶芽萌动期为4月9日至11日，花序露出期为4月12日至13日，花序伸长期为4月14日至16日，初花期为4月21日至23日，盛花期为4月25日至26日，5月1日花期结束，5月9日前后幼果出现，6月上旬为果实第一次迅速膨大期，7月中旬至7月下旬为果实第二次迅速膨大期，8月上旬果实成熟。

该品种的抗病性强，在同样的果园管理条件下，抗轮纹病、腐烂病能力优于红富士。

3. 普利玛

1945年，美国普渡大学（Purdue）、罗格斯大学（Rutgers）和伊利诺斯大学（Illinois）组成了PRI联合苹果育种计划，主要选育抗黑星病的苹果品种。普利玛（Prima）是按照PRI联合苹果育种计划培育出的第一个抗黑星病苹果品种，亲本为PRI14－64×N.J. 123 249，一个外观漂亮的早中熟优良品种。

果实为扁圆形，果形指数为0.80；果实平均单果重为220.00 g，果面光滑，蜡质厚，果点小、中密，底色为绿色，全面着深红色，外观漂亮。果顶有楞突，萼片宿存、半开放，萼洼浅、中阔，梗洼中阔、中深；果肉为黄白色，肉质脆，汁液多，酸甜；果实去皮硬度为10.00 kg/cm^2，可溶性固形物含量为14.00%，可滴定酸含量为0.83%，可溶性糖含量为5.95%，维生素C含量为24.20 mg/kg。在山东烟台地区，8月中下旬果实成熟。

普利玛树势强健，树姿开张，树干和多年生枝为灰褐色；一年生枝阳面为红褐色，阴面为黄褐色，皮孔小而稀。节间平均长度为2.84 cm，叶片为卵圆形、绿色、上卷，叶片蜡质厚、光亮、无茸毛，叶姿斜向上，叶缘锯齿钝，为单锯齿形。叶片平均长度为8.30 cm、平均宽度为4.90 cm。叶芽为三角形，贴生。成枝力、萌芽力均较强。四年生树长、中、短枝的比例为27.50%、11.70%、60.80%，短枝顶花芽和腋花芽均可结果，结果较早，乔化苗木栽植第3年开始结果，四年生树的株产可达20.00 kg。

在山东烟台地区，一般年份的萌芽期在4月上旬，开花期在4月下旬至5月初，花期1周左右，8月中下旬果实成熟，11月下旬落叶。

普利玛苹果品种对腐烂病、轮纹病的抗性优于富士品种，对褐斑病的抗性与富士相同；既可作为鲜食品种，又可作加工品种栽培；丰产稳产，易管理；树体适应性、抗逆性都很强，对苹果腐烂病、轮纹病抗性比富士强；不套袋栽培的苹果外观也漂亮，省工省力，符合苹果省力化栽培的要求。可以进行无袋栽培，病虫害防治简单，管理省工，可以作为鲜食、加工兼用品种在苹果产区推广栽培。

4. 红露

红露是韩国国家园艺研究所用早艳与金矮生杂交育成的短枝型苹果品种。

红露果形端正，果实为圆锥形，高桩，果形指数为 0.87，果顶有 5～7 个棱状突起，梗洼深、阔。大果型，平均单果重为 235.60 g，果面底色为黄绿色，全面着鲜红色并具条纹状红色，自然着色率达 80.00％以上。果面光洁、无锈，果皮较薄，果点明显、数量中多。果肉呈黄白色，脆甜，汁液多，有香味，可溶性固形物含量为 13.50％。果实去皮硬度为 8.16 kg/cm^2，较硬，耐贮运，果实久放不绵，在自然常温条件下，贮藏到翌年 1 月果实皱皮但不发绵。

红露苹果属短枝型品种，采前无落果现象，适时采收可以减轻苦痘病的发生。红露抗逆性强，在晚霜危害中，气温降到－3 ℃时没有发现该品种发生花期冻害，花期抗冻害能力明显强于红富士、嘎拉等品种。建园时宜适当密植，丘陵地带株行距宜采用 2.50 m×4.00 m，平原地株行距宜采用 3.00 m×（4.00～4.50） m。树形应选用小冠疏层形和自由纺锤形。

5. 瑞维纳

瑞维纳为德国德累斯顿果树研究所以（Cox Orange×Oldenburg）×多花海棠（*Malus floribunda*）选育出的优良鲜食苹果品种，1991 年育成。

果实为圆锥形，果个中大，平均单果重为 202.50 g，果形指数为 0.90；套袋果着条纹红色，果皮光滑，果点小；不套袋果实外观呈片状红色，色泽鲜艳，外观漂亮；果顶平，萼洼窄、中深，梗洼阔、深；果肉为黄色，肉质脆甜，可溶性固形物含量为13.23%，果实去皮硬度为9.90 kg/cm^2，可滴定酸含量为0.18%，维生素C含量21.60 mg/kg，汁液多，品质好；果实耐贮藏性好，采收后在一般室温条件下可贮藏30 d，仍能保持其松脆的肉质。

树体健壮，一年生枝阳面为深棕色，阴面为绿色，皮孔中大、稀，一年生枝条平均粗度为0.57 cm，节间平均长度为2.65 cm；叶芽短三角形，贴生；叶姿水平，叶片为长卵圆形、浓绿色，叶背有茸毛，叶片平均长7.54 cm、平均宽4.22 cm，叶柄长2.02 cm，叶尖渐尖，叶缘为单锯齿形，锯齿钝。

一般年份，4月初为芽萌动期，4月16日至18日为花序伸长期，4月25日至28日为盛花期，8月底9月初为果实成熟期，较嘎拉品种晚，较红将军早，果实发育期为120 d左右，11月下旬落叶。经多年试验，瑞维纳对苹果轮纹病、褐斑病、炭疽病、腐烂病具有极高的抗性，对低温的抗性也较好。

6. 金铃

金铃是保加利亚农业研究所从金帅苹果品种中选育出的果面光滑、品质好、抗病性强的优良芽变品种。

果实为近圆形，果面光滑，皮孔稀且小、不明显，果皮黄绿色，果个中大，平均单果重为226.00 g，果形指数为0.85，萼片宿存、闭合，萼洼中深、中阔，梗洼中深、中阔，果柄长2.25 cm，果肉为黄白色，甜酸适口，比金帅酸味轻，果皮薄，肉质松脆，香味浓郁，果实去皮硬度为8.60 kg/cm^2，可溶性固形物含量为14.20%，维生素C含量为28.90 mg/kg，可滴定酸含量为0.36%。与金帅相比，金铃果实外观漂亮，果形端正，没有果锈。

树干、多年生枝为黄褐色，皮孔大且稀、椭圆形；一年生枝条为赤褐色，新梢有茸毛，皮孔小、中密、圆形；盛果期树的一年生枝平均长度为31.60 cm，平均粗度为0.43 cm，节间距为2.85 cm；

叶片绿色、卵圆形，叶尖渐尖，叶缘为锐锯齿形，叶片不平展，两边缘上翘，新生叶片呈黄绿色，叶片长 8.58 cm、宽 5.60 cm，叶柄长 3.20 cm，叶芽贴生，三角形；花芽为圆锥形，每个花序有 5 朵花，花蕾呈红色，花瓣为白色、卵圆形，花瓣邻接，花冠直径为 4.50～5.10 cm。

金铃与金帅物候期相近，在山东烟台地区 4 月 1 日至 9 日叶芽萌动，3 月 25 日至 4 月 8 日花序露出，4 月 1 日至 14 日花序伸长，4 月 9 日至 18 日花序分离，4 月 15 日至 24 日开花，8 月底 9 月上旬果实成熟。

金铃对轮纹病、腐烂病的抗性与金帅相似、优于红富士，七年生树上未见轮纹病瘤和腐烂病疤；对苹果斑点落叶病、褐斑病的抗性较强，与红富士相同；对炭疽叶枯病的抗性优于嘎拉，未见炭疽叶枯病感染落叶现象。选用八棱海棠作砧木育成的大苗建园，株行距宜为 3.00 m×4.00m 或 2.00 m×5.00 m。可与红将军、富士品种互为授粉树。

7. 红将军

红将军是日本从早生富士中选育出的着色系芽变优良中熟品种。该品种诸多性状与优系富士相似，但可提前 1 个多月上市。红将军比普通富士成枝力略低，短枝较多，枝条节间略短且粗壮，成花较容易，可腋花芽结果，抗性较强。因果实成熟期比普通富士早，所以炭疽病发生也早，应提早防治。果实成熟期似有轻微的采前落果现象，耐贮藏性次于富士，其他习性基本与富士相同。

在山东烟台地区 4 月下旬开花，9 月中旬果实成熟，正赶上中秋、国庆两大节日，同新红星同时上市，初采时口感优于普通富士，是优良的早熟富士苹果新品种。

8. 昂林

昂林（Korin）是日本从富士×津轻的杂交种中选育出的中熟

苹果品种，1995 年获日本农林水产省登记注册。

果实为近圆形，果形端正，果个大，平均单果重为 330.00 g，最大单果重为 390.00 g，果形指数为 0.91，果柄较短；果实全面着亮红色，直至果实萼洼部分，着色整齐，成熟期一致，无果锈，果粉少，光洁美观；果肉为黄白色，多汁，肉质致密，酸甜适中，松脆爽口，可溶性固形物含量为 15.30%，果实去皮硬度为 11.50 kg/cm^2；耐贮运性较好，常温下可自然存放 35～40 d。在烟台地区 9 月下旬果实成熟。

一年生枝条为灰褐色，皮孔圆形、不规则，嫩梢上茸毛中多，节间平均长 2.93 cm，叶芽为三角形、贴伏于枝条；叶片为椭圆形、深绿色、中厚，叶缘为复锯齿状，叶尖渐尖，新梢中部叶片平均长 9.90 cm、宽 6.80 cm；花粉为红色稍带白色，每个花序有 5 朵花。

昂林苹果抗斑点落叶病、轮纹病，对金纹细蛾、叶螨抗性也较强。

9. 凉香

凉香是日本培育的一个早熟富士系苹果品种。

果实为近圆形，果形指数为 0.86，果个大，平均单果重为 239.00 g。果实底色为黄绿色，着片状红色，着色面积达 85.00% 以上，果面光滑，蜡质中厚，果点中大、中密，外观漂亮；果顶平，萼片宿存、半开，萼洼中深、中阔，梗洼中深、中阔；果柄平均长度为 2.20 cm，柄粗 0.31 cm；果肉为黄白色，肉质松脆，口感甜酸多汁，可溶性固形物含量平均为 13.80%，采收时果实去皮硬度为 8.30 kg/cm^2，果实有 5 个心室，心室不开放，有 8 粒种子，种子为褐色。果实耐贮藏性优于同时期成熟的红将军品种，自然条件下可贮藏 30 d，冷藏可贮藏至翌年 3 月。

该品种树势中庸，树姿半开张，枝条较硬，主干侧枝明显，干性较强。多年生枝条为灰色，一年生枝条为红褐色，皮孔圆形、中密，枝条萌芽率为 80.00%；叶片为椭圆形、绿色，叶片中厚，平均长 9.40 cm、宽 5.90 cm，叶缘为锐锯齿形，刻痕中深，叶尖渐尖，叶片平展，叶姿水平，叶柄长 3.00 cm，幼叶呈淡绿色，花呈白色。

在山东烟台地区，凉香的萌芽期为 4 月 5 日至 7 日，初花期为 4 月 21 日至 23 日，盛花期为 4 月 24 日至 27 日，9 月中下旬果实成熟，果实发育期为 115 d。

经多年栽培和苗木繁育试验，凉香与我国常用的八棱海棠、平邑甜茶等实生砧以及 M_9T_{337}、MM_{106} 等自根砧有较好的嫁接亲和性。在平原地区或具有很好的水浇条件、适宜矮砧发展的地区，可发展 M_9T_{337} 苗木的矮砧宽行集约栽培模式，栽培株行距为 1.50 m×4.00 m，树形采用高纺锤形；在土层比较瘠薄、缺乏水浇条件的山区丘陵，还应采用八棱海棠等深根系的实生砧木苗，采用乔砧宽行高干集约栽培模式，株行距为（3.00～4.00）m×5.00 m，树形采用自由纺锤形。凉香属于早熟富士系品种，不宜与红富士品种互作授粉树，可选用专用的海棠授粉品种，也可与嘎拉、美国 8 号、红露等品种互为授粉树。在果实管理方面，应严格疏花疏果，合理控制产量，进行套袋栽培，果袋选用内红外褐双层纸袋，果实采收前 10～15 d 摘袋。

10. 甘红

甘红苹果是由韩国园艺研究所用早艳和金矮生杂交育成的优良苹果品种，1998 年育成，2010 年通过山东省林木品种审定委员会审定。

果实为长圆形，果形匀称，果形指数为 1.04，为极高桩，呈直筒状。果实大，平均单果重为 288.00 g。果面底色为黄绿色，全面着条纹状鲜红色，果实着色快，着色期集中，果皮薄，果点稀少、不明显，果面光亮，外观十分艳丽美观。果柄中长，平均长 2.51 cm。果肉为乳白色，汁液多，脆甜，香味浓郁，品质上等。果实去皮硬度为 8.60 kg/cm^2，可溶性固形物含量为 14.80%，果核小，平均每个果实有 5 粒种子。在山东烟台地区，果实 9 月下旬成熟，与红将军成熟期一致，延迟至 10 月 15 日采收未发现采前落果现象。耐贮藏性强，自然条件下贮藏期可达 5 个月以上。

甘红树势中庸，树姿自然开张，枝萌芽率较高，成枝率中等。抗病性较强，对苹果斑点落叶病的抗性与红将军相同，对苹果锈病的抗性与红将军、红富士品种相近。适宜的矮化自根砧有 M_9、M_7、MM_{106}，适宜的中间砧有 M_{26}、烟砧 1 号（抗苹果轮纹病中间砧）等。甘红可与烟嘎、太平洋嘎拉、红将军、烟富 3 号、华美、华冠等品种互为授粉树。

11. 太平洋玫瑰

太平洋玫瑰是由新西兰国家园艺研究所以嘎拉×华丽杂交育成的，被誉为“21 世纪世界上最有发展前途的五个苹果品种”之一；2010 年通过山东省林木品种审定委员会审定。

果实为圆形，果形指数为 0.82，平均单果重为 230.20 g，较红将军略大。果皮薄，果面光亮，蜡质厚；果实花萼闭合，萼洼中阔、中深，梗洼中深、中阔。果肉为乳白色，肉质细腻、质脆。可溶性固形物含量为 14.20%，果实去皮硬度为 8.80 kg/cm^2，均高于红将军。果实耐贮藏性强，自然条件下可贮藏至翌年 4 月，果实去皮硬度仍可达 7.0 kg/cm^2，果皮未见皱缩失水现象。套袋果刚摘袋时着粉红色，后期呈独特的玫瑰红色，十分艳丽美观，内膛果也着色良好；不套袋时果面呈深玫瑰红色，星点略大；无采前落果现象。

太平洋玫瑰树势中庸，树姿自然开张。多年生枝为灰褐色，一年生枝为红褐色、披白色茸毛，皮孔椭圆形、中密、中大，枝条萌芽率高，成枝力中等。叶片较大，叶色浓绿，长圆形，较厚，平均长 10.50 cm、宽 5.90 cm，平均单叶面积为 39.30 cm^2；叶缘为锯齿钝形，裂刻中深，叶尖渐尖；叶背有白色茸毛；叶柄较粗，平均长 2.40 cm，叶片较红将军大。枝条节间平均长度为 3.20 cm，较红将军长；叶芽为三角形，贴生，具有早熟性，春梢腋芽易萌发二次枝，平均每个花序有 5 朵花。

在山东烟台地区，一般年份太平洋玫瑰的花芽萌动期为 4 月 6

日至 8 日，盛花期为 4 月 25 日至 27 日，9 月下旬果实成熟，较红将军晚 3～5 d。红将军的花芽萌动期为 4 月 5 日至 8 日，盛花期为 4 月 24 日至 27 日，9 月中旬果实成熟。

太平洋玫瑰适应性强。对苹果枝干轮纹病和苹果轮纹烂果病的抗性显著优于红将军；对苹果斑点落叶病的抗性较红将军稍差；抗寒性和抗花期霜冻害能力和红将军相同；对苹果锈病的抗性中等。

12. 皮诺娃

皮诺娃是由德国培尔尼特苹果育种项目以克利维亚（欧德伯格×桔萍）与金帅杂交育成，1986 年开始正式推广。山东省烟台市农业科学研究院果树研究所 2001 年从德国引进，2010 年通过山东省林木品种审定委员会认定。

果实为圆形，表面光滑，皮孔稀且小、不明显，底色为黄绿色，着鲜红色条纹，着色面达 90.00%，果个大，平均单果重为 220.00 g，果形指数为 0.82，花萼开放，萼洼浅，果柄长 3.10 cm，果肉为黄白色，酸甜适口，果皮薄，肉质脆，香味浓郁，果实去皮硬度为 9.12 kg/cm^2，可溶性固形物含量为 13.20%，维生素 C 含量为 36.10 mg/kg，可滴定酸含量为 0.56%，出汁率为 58.00%。耐贮藏性优于红将军、新红星等品种。皮诺娃苹果和金帅、红将军品种的物候期相近，在山东烟台地区 9 月中下旬成熟。

皮诺娃树势强健，枝条生长直立。宜选择在土壤肥沃、水浇条件好的平原地或坡地栽培，应选用八棱海棠、福山沙果作砧木育成的大苗建园，株行距可用 3.00 m×4.00 m 或 2.00 m×5.00 m。可用红将军、嘎拉作授粉树。皮诺娃苹果对轮纹病、腐烂病的抗性优于红将军、富士等品种，对斑点落叶病、褐斑病的抗性与红将军、富士相同。

13. 明月

明月是日本用赤城与富士杂交育成的黄色苹果品种。

果实为高桩，果形指数为 0.90～0.95，最高可达 1.00 以上，平均单果重为 312.00 g，最大单果重可达 500.00 g 以上。果面无锈、光泽细腻，果点小而稀，果肉为浅黄色，汁液多，肉质细脆，可溶性固形物含量在 14.20%以上。口感极好，清爽甜脆，香气浓郁。果面不套袋时为亮丽的绿色，套袋时着粉红色。该品种连续结果能力强，坐果率高。果台副梢的成花率达 51.80%。自然条件下坐果率为 17.00%，自花授粉时坐果率为 6.20%，且无生理落果和采前落果现象。

新梢为红褐色，茸毛中多，一年生枝为黄褐色。花较大，直径为 4.00 cm，花梗长 3.50 cm，花瓣在花序分离时为桃红色，在大蕾期为粉红色，开放的花瓣为浅粉色。雌蕊与雄蕊等高或略低于雄蕊，雄蕊有 18～22 个。

在肥沃的土壤条件下每亩可栽植 95 株，即株行距为 2.00 m×3.50 m；岭薄地每亩可栽乔化苗 67 株，即株行距为 2.50 m×4.00 m。授粉树可选择花期相近的珊夏、红津轻等，按（8～10）∶1 的比例配置。果实成熟期在 9 月中下旬，果实抗病力强，耐贮运，正常生产条件下很少有感染轮纹病和炭疽病的果实，采后自然条件下可贮藏至翌年 3 月下旬而不绵、不缩水、不皱皮，仍保持果肉清脆。利用土法地窖贮藏可贮藏到来年 4 月下旬而保持果实风味不变。

14. 乔瑞娜

乔瑞娜是保加利亚农业研究所以普利玛（Prima）和库珀 4（Cooper 4）为亲本杂交育成的苹果新品种。2010 年通过保加利亚国家审定，审定名称为 Gorana。

果实为近圆形，果形指数为 0.83，果个大，平均单果重为 255.00 g；果实底色为绿色，着片状浓红色，着色面积达 80.00%；果面光滑，蜡质中厚，果点小、中密，外观漂亮；萼片宿存、直立，萼洼中深、中阔，梗洼中深、中阔；果柄短粗，长为1.70 cm，柄粗 0.30 cm；果肉为白色，肉质细脆多汁，鲜食、加工兼用，初采收时果实去皮硬度为 7.8 kg/cm^2，可溶性固形物含量为 14.70%，维生素 C 含量 48.40 mg/kg，果实酸度较大，可滴定酸含量为 0.68%，出汁率为 70.60%；果实有 5 个心室，心室不开放，有 8 粒种子，种子为褐色；果实在山东烟台地区 9 月下旬成熟，常温条件下贮藏期 20～30 d；冷藏条件下可贮藏 3 个月左右，此时果实香气浓郁，风味更佳。

乔瑞娜苹果品种树势强健，树姿半开张，枝条较硬，主干侧枝明显，干性较强。多年生枝条为褐色，一年生枝条为深褐色，皮孔为椭圆形、中大、中密，枝条萌芽率为 60.30%，枝条节间长度为 2.80 cm；叶片为椭圆形、深绿色，叶片中厚，平均长 10.60 cm、宽 6.50 cm，叶柄长 2.40 cm，叶缘为钝锯齿状，刻痕中深，叶尖渐尖，叶片平展，叶姿水平，幼叶呈淡绿色；花呈白色，中等大。

在山东烟台地区，乔瑞娜苹果的花芽萌动期在 4 月 2 日至 4 日，叶芽萌动期为 4 月 10 日至 12 日，花序露出期为 4 月 13 日至 15 日，花序伸长期为 4 月 18 日至 20 日；初花期为 4 月 23 日至 25 日，盛花期为 4 月 25 日至 29 日，5 月前后花期结束；6 月中旬进入第一次果实膨大期，8 月中旬进入果实第二次迅速膨大期，9 月下旬果实成熟，11 月下旬落叶。

多年区域试验结果表明，乔瑞娜抗春季花期晚霜冻害能力较强；高抗苹果枝干轮纹病，多年生树主干光滑，无轮纹病病疤；对早期落叶病抗性较强；对褐斑病抗性稍差。

15. 蜜脆

蜜脆是美国明尼苏达大学园艺系以苹果品种 Macoun 与 Honey gold 杂交育成的中熟苹果新品种。

果实为扁圆形，单果重为 310.00～330.00 g，最大单果重为 500.00 g。果皮底色为绿色，成熟后部分着色，着条状淡红色；果面较光滑，无果锈、果粉，蜡质厚；果点密度中，果点突出、均匀、白色，无棱起，萼片直立、宿存，萼洼深、无锈，梗洼广、深。果皮厚，果心小、中位；果肉为黄白色，肉质细、脆，汁液多，风味酸甜，无香味。可溶性固形物含量为13.10%，总糖含量为12.13%，总酸含量为0.45%，果实去皮硬度为7.70 kg/cm^2。1～5℃条件下可贮藏至翌年3月，贮藏过程中易发生苹果苦痘病。

树姿开张。一年生枝条为褐色，长88.80 cm左右，节间平均长3.00 cm，皮孔中大，茸毛多。叶片为椭圆形，幼叶为淡绿色，叶尖为长尾尖，叶缘为锐锯齿形，叶姿斜向上，叶面多皱。花蕾呈粉红色，每个花序平均有4朵花，平均每朵花有雄蕊19个、雌蕊5个，花冠直径约为4.50 cm，花瓣为单瓣、卵圆形、粉白色。

9月中下旬果实成熟，果实发育期为140 d左右，11月中旬落叶，全年生育期为223 d左右。

蜜脆抗旱、抗寒性均较强，但不耐贫瘠，对苹果早期落叶病有较强的抗性，果实成熟后应及时采收，否则易落果。蜜脆抗病虫害能力较强，但需重点防治苹果白粉病、苹果树小叶病等病害，以及红蜘蛛、卷叶虫等虫害。

16. 2001富士

2001富士苹果品种是1978年日本秋田县平鹿郡从普通富士中选育出的条纹着色富士芽变品种，1983年在日本秋田县的登记名称为秋富47。2018年获得农业农村部的品种登记，登记编号为GPD苹果（2018）370006。

果实为长圆形，果个大，平均单果重为268.00 g，果梗平均长2.70 cm；果实底色为黄绿色，果面着鲜红色条纹，果皮蜡质厚，果面光滑洁净，果锈轻，有果粉；萼片宿存、闭合；果肉为乳黄色，肉质细脆，果实去皮硬度为10.80 kg/cm^2，汁液中多，可溶性固形物含量为15.20%；果实风味酸甜，香气浓郁，耐贮藏，无采前落果现象。

2001富士树体强健，树冠中大，树姿开张；枝条成枝力强。一年生枝条为灰褐色，斜生，皮孔为圆形，茸毛中多，节间平均长度为2.30 cm；多年生枝粗壮，为灰褐色；叶片为椭圆形，浓绿色，叶面光滑，先端渐尖，基部较圆，叶缘为复锯齿状，叶背面茸毛较多，黄褐色，叶脉突起，叶姿斜向上，叶面上卷；花芽为圆锥形，叶芽为三角形、中大，每个花序有5朵花。

2001富士抗枝干轮纹病、腐烂病和斑点落叶病的能力以及主要物候期与烟富3号、长富2号等富士品种无差异，在山东烟台周边地区10月中旬果实成熟。

17. 宫崎短枝富士

宫崎短枝富士是日本宫崎县1974年从富士中选育出的红富士芽变品种，1979年被引入我国。

果实为近圆形，果形指数为0.85；果皮底色为绿黄色或淡黄色，成熟时果面有鲜红条纹，果点较少，果实表面光洁；果心小或中大，果肉为乳黄色，肉质致密、细脆，果汁多，酸甜适口，香味浓，品质极佳。果实去皮硬度为8.70 kg/cm^2，可溶性固形物含量为13.70%。耐贮性与普通富士相似，一般可贮存5～6个月，贮后肉质不变，风味尤佳。在山东烟台地区，果实10月下旬成熟。

18. 王林

王林是日本福岛县用金冠与印度青杂交选育而成，1952年命名，1978年引入我国。

果实呈长圆形，果形指数为0.84；平均单果重为285.00 g，果柄粗而短，果面呈黄色，套袋果刚摘袋时果面呈白色，果皮较光滑，果点大而多，无锈，有蜡质；果肉为黄白色，脆甜多汁，可溶性固形物含量为14.50%，果实去皮硬度为9.00 kg/cm^2，有香气，品质佳；果实耐贮藏，在低温条件下可贮藏至翌年5月。10月中旬果实成熟。

树姿紧凑直立，分枝角度小，树冠直耸、呈圆锥形。多年生枝条呈紫褐色，长而粗壮，较直顺。新梢呈红褐色，有絮状易脱落的白蜡层，皮孔较大、中密，当年生节间长度为2.50 cm左右，木质脆而硬，易折。叶片大，平均叶片长11.50 cm、宽7.20 cm，叶片较平展。萌芽力、成枝力均强。

对于苹果枝干轮纹病、腐烂病具有高抗性，中抗苹果斑点落叶病和苹果锈病，有较强的抗苹果花期冻害能力。

19. 维纳斯黄金

维纳斯黄金是日本岩手大学农学部教授横田清氏用金帅的自然杂交种子播种选育成的品种。2010年由日本果树专家熊谷先生引入。在日本的注册名为HARLIKAR。

果实为长圆形，平均单果重为247.00 g，与金帅相似，平均果形指数为0.94，果肉呈黄色，平均可溶性固形物含量为15.06%，无酸味，甜味浓，有特殊芳香气味，果实去皮硬度为7.60 kg/cm²，果肉硬，果汁多，品质好。

该品种成枝力、萌芽力均较强，易成花，以维纳斯黄金/M_9T_{337}/平邑甜茶作为中间砧苗木栽植，当年形成花芽，花枝率达到65.40%。采收期与富士大致相同，10月中旬后达到可食采摘期，在11月上旬采收风味浓郁。自然条件下贮藏期为3个月以上，在普通冷库中，其贮藏期与富士相同。维纳斯黄金苹果品种的枝势、树势强，成花后树势易衰弱，比金帅抗褐斑病能力强。

建议进行套袋栽培。由于亲本为金帅，所以应注意对落叶病（如斑点落叶病、褐斑病）的防控；具有极强的早果性，应控制负载量，注意疏花疏果，加强肥水管理，增强树势。

20. 粉红女士

粉红女士是澳大利亚园艺研究所于1973年用威廉女士和金冠杂交选育而成的红色晚熟苹果品种，注册商品名称为粉红佳人，原名为Cripps Pink。

果实为近圆柱形，平均单果重为220.00 g，最大单果重为306.00 g。果形端正、高桩，果形指数为0.94。果实底色为绿黄色，着全面粉红色或鲜红色，着色指数为 0.92，色泽艳丽，果面洁净，无果锈。果点中大、中密，果梗中长、粗，梗洼中深、中广，萼片直立、紧闭，萼洼深、中广，果心小。果肉呈乳白色，脆硬，果实去皮硬度为 9.16 kg /cm²，汁中多，有香气，可溶性固形物含量为 16.65%。在烟台，果实在 11 月上旬成熟。耐贮藏，室温下可贮藏至翌年 4～5 月。

树势强，树姿较开张，树冠为圆头形，干性中强。该品种抗褐斑病、白粉病、轮纹病、炭疽病等；腐烂病感病较轻；蚜虫发生较少。自花结实率较高，适宜的授粉品种为嘎拉优系、富士、新世界、秦阳等。乔化苗栽植株行距以 3.00 m×4.00 m 为宜，矮化苗栽植株行距以 2.00 m×4.00 m 为宜。粉红女士乔化栽植时宜采用自由纺锤形，矮化园宜采用细长纺锤形。

三、苹果园的建立与种植

苹果树为多年生果树，生长发育与外界条件密切相关，良好的生态环境条件能有效地促进其生长发育，达到早实丰产、高产优质的栽培目的。因此，在选择园址时要本着因地制宜的原则，选择适宜苹果的生态环境条件进行栽植，对果园进行科学规划设计，从建园开始，要高起点、高标准，严格按技术规范执行，建成标准化的果园，不仅可以减少投资、充分利用土地，也使果园便于管理、提高经济效益。

（一）对环境条件的要求

1. 产地生态环境

苹果的产地应选择在生态环境良好、远离污染源并具有可持续生产能力的农业生产区域。具体地说，就是苹果产地要选在苹果栽培的最适宜区或适宜区（表 3-1），并远离城镇、交通要道（如公路、铁路以及机场、车站、码头等）及工业“三废”排放点，具有持续生产优质安全苹果的能力。

表 3-1　苹果的生态适宜指标

产区名称	主要指标				辅助指标			符合指标项数
	年均温（℃）	年降水量（mm）	1月中旬均温（℃）	年极端最低温（℃）	夏季均温（6～8月）（℃）	>35 ℃天数（d）	夏季平均最低气温（℃）	
最适宜区	8～12	560～750	>−14	>−27	19～23	<6	15～18	7
黄土高原产区	8～12	490～660	−8～−1	−26～−16	19～23	<6	15～18	7

（续）

产区名称		主要指标				辅助指标			符合指标项数
		年均温（℃）	年降水量（mm）	1月中旬均温（℃）	年极端最低温（℃）	夏季均温（6～8月）（℃）	>35 ℃天数（d）	夏季平均最低气温（℃）	
渤海湾产区	近海亚区	9～12	580～840	−10～−2	−24～−13	22～24	0～3	19～21	6
	内陆亚区	12～13	580～740	−15～−3	−27～−18	25～26	10～18	20～21	4
黄河故道产区		14～15	640～940	−2～2	−23～−15	26～27	10～25	21～23	3
西南高原产区		11～15	750～1 100	0～7	−13～−5	19～21	0	15～17	6
北部寒冷产区		4～7	410～650	<−15	−40～−30	21～24	0～2	16～18	4
美国华盛顿产区		15.6	470	8	−8	22.6	0	15	5

2. 产地空气环境质量

无公害苹果的产地空气环境质量包括总悬浮颗粒物（TSP）、二氧化硫（SO_2）、二氧化氮（NO_2）和氟化物（F）共4项衡量指标。按标准状态计，4种污染物的浓度不得超过表3-2中的规定限值。

表3-2 空气中各项污染物的浓度限值

项　　目	浓度限值	
	日平均	1小时平均
总悬浮颗粒物（TSP）（标准状态）	$\leqslant 0.30\ mg/m^3$	—
二氧化硫（SO_2）（标准状态）	$\leqslant 0.15\ mg/m^3$	$\leqslant 0.50\ mg/m^3$
二氧化氮（NO_2）（标准状态）	$\leqslant 0.12\ mg/m^3$	$\leqslant 0.24\ mg/m^3$
氟化物（F）（标准状态）	$\leqslant 7\ \mu g/m^3$	$\leqslant 20\ \mu g/m^3$
	$\leqslant 1.8\ \mu g/(dm^2 \cdot d)$	—

注：日平均指任何一日的平均浓度；1小时平均指任何1小时的平均浓度。

3. 产地土壤环境和灌溉水质量

(1) 产地土壤环境质量 无公害苹果的产地土壤环境质量包括6项衡量指标，即类金属元素砷和5种重金属元素镉、汞、铅、铬、铜。各污染物对应不同的土壤pH（pH<6.5、pH6.5～7.5和pH>7.5）有不同的含量限值（表3-3）。

表3-3 无公害苹果的产地土壤环境质量要求

指标	指标值（mg/kg）		
	pH<6.5	pH6.5～7.5	pH>7.5
镉≤	0.30	0.30	0.60
汞≤	0.30	0.50	1.00
砷≤	40	30	25
铅≤	250	300	350
铬≤	150	200	250
铜≤	150	200	200

注：重金属（铬主要为三价）和砷均按元素量计，适用于阳离子交换量>5 cmol（+）/kg，若≤5 cmol（+）/kg，其标准值为表内数值的一半。

(2) 产地灌溉水质量 无公害苹果的产地农田灌溉水质量包括pH、氰化物、氟化物、石油类、汞、砷、铅、镉和六价铬共9项衡量指标。其中，pH要求在5.5～8.5；氰化物、氟化物、石油类、汞、砷、铅、镉和六价铬这8种污染物的浓度不得超过表3-4中的规定限值。

表3-4 无公害苹果的产地农田灌溉水质量要求

指标	指标值	指标	指标值	指标	指标值
pH	5.5～8.5	石油类	≤10	总铅	≤0.10
氰化物	≤0.5	总汞	≤0.001	总镉	≤0.005
氟化物	≤3.0	总砷	≤0.10	六价铬	≤0.10

注：pH无单位，其余8项指标的单位均为mg/L。

（二）园地选择与建园

1. 园地选择

（1）合理选择建园地点 园地评价常以气候、土壤、交通和地理位置等条件为转移，其中又以气候为优先考虑条件，因为气候变化是人类难以控制的，尤其是在灾害性天气频繁发生、目前尚无有效方法防止的地区。园地的选择是否恰当，关系到果园的存亡。在市场竞争激烈的形势下，即使果树能够生存，不能获得优质高产的园地，也不可能达到预期的目标，因此园地的选择必须以较大范围的生态区划为依据，进行小范围宜园地的选择，以获得事半功倍的效果。

适宜园地的类型较多，选择应符合以下标准：山丘地土层深度不低于60 cm，而且下层岩石应是酥石硼、半风化和纵向结构岩石，不宜在薄土横版岩石地栽植；坡度应在15°以下，坡度过大不利于水土保持和修筑田间工程，给生产管理带来很大困难；平原沙地、黏土地最高地下水位不高于1.5 m，沙地在1 m深度以内不能存在黏板层；土壤肥沃，土壤有机质含量在1%以上；土壤质地疏松，透气性好，保证果树根系生长有充足的氧气；土壤pH在6.0～7.5，无特异障碍因素；有充足的水源，水质符合表3-4中的要求。若不符合上述标准，建园时必须对土壤进行改良，如果改良后仍达不到上述标准，则不宜建园。

（2）科学进行园地规划 果园规划与设计之前，首先要调查建园地区及其邻近地区的社会经济情况、果树生产情况、气候条件和水利条件等情况，然后进行地形勘察和土壤调查，了解当地的地形、土壤植被、地下水位和水源等情况。根据调查情况写出书面调查分析报告并绘制成草图，作为规划设计的依据。

无论平地还是山地果园，在测完地形、面积以后，都应按果园规划的要求，把栽培小区、防护林、水利系统、道路以及必要的房屋等分别测出，以便施工。水是建立苹果园首先要考虑的问题，要根据水源条件设置好水利系统。有水源的地方要合理利用，节约用水；无水源的地方要设法引水入园，拦蓄雨水，做到能排能灌，并尽量少占土地面积。为了便于管理，可根据地形、地势以及土地面积确定栽植小区。一般平原地每 1～2 hm^2 为一个小区，主栽品种 2～3 个；小区之间应设有田间道，主道宽 8～15 m，支道宽 3～4 m。山地要根据地形、地势进行合理规划。

栽植防护林。防护林能够降低风速、防风固沙、调节温度与湿度、保持水土，从而改善生态环境，保证果树的正常生长发育，因此，建立苹果园时要搞好防风林建设工作。一般每隔 200 m 左右应设置一条主林带，方向与主风向垂直，宽度为 20～30 m，株距为 1～2 m，行距为 2～3 m；在与主林带垂直的方向，每隔 400～500 m 设置一条副林带，宽度 5 m 左右。小面积的苹果园可以仅在外围迎风面设一条 3～5 m 宽的林带。

（3）整地改土 坡度低于 10°的梯田可以改成缓坡地，大于 10°的按梯田整地。蓬莱园艺场采用梯田改坡地的土壤管理措施，提高土地利用率 20%以上，并有效解决了光照和旱涝不均问题，减轻了冬季冻害，并结合生草解决了水土流失问题，有利于果园的机械化作业。地势较平坦的地块应采用起垄栽培的方式，垄宽 1.5～2.0 m、高 20～30 cm；定植沟宽 80～100 cm、深 80 cm，定植穴长、宽、深均为 80～100 cm，可根据地势适当调整；施足底肥。定植沟回填前要在沟底施入充分腐熟的有机肥或经过有机认证的商品有机肥，充分腐熟的有机肥每亩用量为 3 000～4 000 kg，商品有机肥每亩用量为 1 000～1 500 kg。定植沟（穴）回填后要浇水进行沉实。

2. 科学建园

（1）品种选择 选择优良的品种是生产优质果品的基础，各产区应根据区域环境优势、消费特点、市场需求等选择适宜本地区的优良品种。以山东烟台地区为例，烟台市人民政府出台了《关于加快推进苹果产业提质升级的意见》，在全市苹果品种布局上，以鲜食品种为主、鲜食加工兼用型品种为辅。鲜食品种重点推广以富士优系为主的晚熟品种，适当发展中早熟品种。早熟品种重点推广瑞媞娜、信浓红、华硕；中熟和中晚熟品种重点推广金都红、华美、瑞维娜、红露、凉香、甘红、皮诺娃、太平洋玫瑰、红将军等；晚熟品种重点推广脱毒烟富3号、烟富10号、烟富8号、美乐富士、2001富士、龙富、山农红、青研红等。

（2）苗木砧木和类型选择 不同砧木对接穗品种的影响因栽培区域、土壤质地、土壤肥力、管理技术水平等表现有所不同，各产区宜根据本地实际，选择适宜的砧木。以烟台地区的品种和土壤特点为例，苹果砧木重点推广 M_{26}、SH、烟砧1号中间砧，M_9T_{337}、MM_{106} 自根砧、八棱海棠、烟台沙果、青砧1号、中砧1号、平邑甜茶等。有水浇条件、土层深厚的地块重点推广矮砧集约高效栽培模式；无水浇条件的丘陵薄地仍然推广乔砧长效栽培模式。

苗木类型方面，应重点选择脱毒良种苗木。近年来，苹果花叶病、锈果病等病毒病的发生率呈逐年加重趋势，感染病毒病的果园树势衰退、产量下降，严重的果园只能进行刨树清园，造成的损失巨大。栽植无病毒苗木是世界苹果生产发达国家普遍采用的预防病毒病的方式。根据脱毒苗木和常规苗木果园的产量和品质研究结果，脱毒富士的叶片质量、一至四年生植株的生长势以及四至八年生植株的单株产量和优质果率均显著高于常规富士植株，四年生的初果期脱毒富士果园较常规果园增产98.4%，八年生盛果期的脱毒富士果园较常规果园增产29.1%。与常规苗木相比，脱毒苹果苗木具有植株长势旺盛、单株产量高、优果率高、单位面积果品销售收入高等突出优点。

同时，脱毒苗木具有长势旺、抗性强、结果早、产量高等优点，在新伐掉的老果园栽植时，也表现出较好的生长特性。脱毒烟富3号苹果苗木在重茬地内栽植时，苗木成活率高，长势健壮，早果性好，优果率和产量高。与常规苗木相比，三年生脱毒苹果植株的高度和干周分别高22.6%和23.7%，一年生枝的生长量和粗度分别高 31.4%和 21.3%，相比之下，三年生脱毒苹果树叶片大 29.0%，亩产量高 41.9%。脱毒苗木已成为山东烟台、威海地区老果园更新改造的首选苗木。

（3）苗木的标准 培育优质果苗是建园的基础。苗木质量直接影响栽植成活率和栽植后树体的生长速度及果园整齐度，也影响结果早晚、产量高低和经济寿命长短。

优质苗木要求砧木、品种纯正，砧穗亲和力强，接合部位愈合好，生长一致，根系形态端正，色泽鲜艳，侧根多，须根发达，基根粗，苗高适中，整形带内芽体饱满的二年生（乔化砧）或三年生（矮化中间砧）苗。近几年生产上应用较多的“三当苗”（当年播种、当年嫁接、当年出圃）不符合树体生长发育规律，苗木质量较差，不宜在生产中使用。苗木标准见表 3-5、表 3-6、表3-7。

表 3-5 实生砧木苹果苗的质量标准

项目		级别		
		一级	二级	三级
品种与砧木		纯正		
根	侧根数量	5 条以上	4 条以上	4 条以上
	侧根基部粗度	0.45 cm 以上	0.35 cm 以上	0.30 cm 以上
	侧根长度	20 cm 以上		
	侧根分布	均匀舒展而不卷曲		
茎	砧段长度	5 cm 以下		
	高度	120 cm 以上	100 cm 以上	80 cm 以上
	粗度	1.2 cm 以上	1.0 cm 以上	0.8 cm 以上
	倾斜度	15°以下		
根皮与茎皮		无干缩皱皮，无新损伤处；老损伤处总面积不超过 1 cm^2		
芽	整形带内饱满芽数	8 个以上	6 个以上	6 个以上
接合部分愈合程度		愈合良好		

表 3-6　营养系矮化砧木苹果苗的质量标准

项　　目		级　　别		
		一级	二级	三级
品种与砧木		纯正		
根	侧根数量	15 条以上	15 条以上	10 条以上
	侧根基部粗度	0.25 cm 以上	0.20 cm 以上	0.20 cm 以上
	侧根长度	20 cm 以上		
	侧根分布	均匀舒展而不卷曲		
茎	砧段长度	10～20 cm		
	高度	120 cm 以上	100 cm 以上	80 cm 以上
	粗度	1.0 cm 以上	0.8 cm 以上	0.7 cm 以上
	倾斜度	15°以下		
根皮与茎皮		无干缩皱皮，无新损伤处；老损伤处总面积不超过 1 cm^2		
芽	整形带内饱满芽数	8 个以上	6 个以上	6 个以上
接合部分愈合程度		愈合良好		
砧桩处理与愈合程度		砧桩剪除，剪口环状愈合		

表 3-7　营养系矮化中间砧苹果苗的质量标准

项　　目		级　　别		
		一级	二级	三级
品种与砧木		纯正		
根	侧根数量	5 条以上	4 条以上	4 条以上
	侧根基部粗度	0.45 cm 以上	0.35 cm 以上	0.30 cm 以上
	侧根长度	20 cm 以上		
	侧根分布	均匀舒展而不卷曲		
茎	中间砧段长度	20～35 cm，同一苗圃内的变幅不超过 5 cm		
	高度	120 cm 以上	100 cm 以上	80 cm 以上
	粗度	0.8 cm 以上	0.7 cm 以上	0.6 cm 以上
	倾斜度	15°以下		

（续）

项目		级别		
		一级	二级	三级
根皮与茎皮		无干缩皱皮，无新损伤处；老损伤处总面积不超过 1 cm^2		
芽	整形带内饱满芽数	8 个以上	6 个以上	6 个以上
接合部分愈合程度		愈合良好		

（4）授粉品种选择与配置 苹果为异花授粉植物，在自然条件下，大多数品种有自花不实的特性，栽培单一品种时，往往花而不实，低产或连年无收，即使能够自花结实的品种结实率也低，不能达到商品生产的要求（红富士自花结实率为 1.0%～6.3%，国光为 6.7%）；在异花授粉的情况下，红富士坐果率可达 50%以上，最高可达 90%左右。所以，苹果建园时必须配置授粉品种。苹果能相互授粉的主要品种的优良组合见表 3－8。

表 3－8 苹果主要品种的优良授粉组合

主栽品种	适宜授粉品种
藤牧一号	嘎拉
萌	藤木 1 号、嘎拉
松本锦	藤木 1 号
嘎拉、美国 8 号	津轻、藤木 1 号
新红星、首红、超红	烟富 6、红玉、金冠
乔纳金	嘎拉、红富士、津轻
王林	红富士、嘎拉、澳洲青苹、新红星
红富士、红将军	千秋、新红星

授粉树要选择花粉量大、无大小年结果、与主栽品种有很好的花粉亲和力且花期一致的品种。配置比例为 8～10 棵主栽品种配置 1 棵专用授粉树。授粉树的配置方式在生产中可采用两种：一种是成行栽植，每隔 4～5 行配置 1 行授粉品种，便于田间操作；另一

种是梅花形或间隔式栽植，按照（4～5）∶1的原则，在周围4～5株主栽品种间配置1株授粉品种。近年来，烟台地区多数果农为提高果园效益，减少了授粉品种的种植量，甚至部分果农在园内不种植授粉品种。如果不种植授粉品种，在正常年份，花期温度正常，在壁蜂授粉情况下，能满足正常的授粉率和果园产量；但如果遇到花期高温或者大风天气，高温下花开得快，花期变短，如果果园内授粉树较少或者没有，就会严重的影响主栽品种的授粉率和果园产量。同时，授粉好的植株苹果果形比较端正，偏斜果率较低。

（三）栽植与高接技术

1. 栽植技术

（1）栽植密度 栽植密度是影响果品质量的重要因素之一。苹果的栽植密度受品种砧木类型、树形、土壤、地势、气候条件和管理水平等因素的制约。苹果合理的栽植密度既要保证充分地利用土地资源，又要保证树体充分采光。在单位面积内栽植株数一定的情况下，行距对光照的影响比株距大得多，生产上一般采用宽行密植，行距一般在3～4 m，树体成型后，行间应有1 m左右的直射光。根据主要因素将常用栽植密度列于表3-9，供生产上参考。随着生产的发展，市场对果品质量的要求越来越高，苹果栽植密度也呈越来越小的趋势。

表3-9 苹果栽植密度参考表

立地条件		乔化树	半矮化树	矮化树
山丘地	株行距（m）	4.0×(5.0～6.0)	2.0×(3.0～4.0)	1.0×(2.5～3.0)
	每亩株数	28～33	83～111	222～267
沙滩地	株行距（m）	5.0×(6.0～7.0)	3.0×(4.0～5.0)	1.5×(3.0～4.0)
	每亩株数	19～22	44～56	111～148
平原地	株行距（m）	6.0×(7.0～8.0)	4.0×(5.0～6.0)	2.0×(4.0～5.0)
	每亩株数	14～16	28～33	67～83

（2）高光效树形 为提高新建果园的通风透光能力，生产优质果品，便于果园行间操作。不论选择什么砧木的苗木，均建议采用宽行密植建园方式。乔化砧木株行距为 2.5 m×（5.0～5.5）m；M_9T_{337}矮化自根砧果园，株行距可选择 1.5 m×（3.0～4.0）m；MM_{106}矮化自根砧果园，株行距可选择 2.5 m×4.0 m；短枝型品种或矮化砧树的株行距一般为（2.0～3.0）m×4.0 m。

根据研究结果，在采用宽行密植栽植模式下，新植果园建议采用自由纺锤形和高纺锤形树形。采用宽行密植、自由纺锤形或高纺锤形树形进行果园的篱架式栽培，与传统的栽培方式相比，苹果、大樱桃宽行密植栽培具有以下优点：一是结果早、产量高，由于采用了密植栽培，前期产量增加很快，另外，由于有篱架的支持，不必考虑结果枝的强度，可连年甩放，促进枝条从营养生长向生殖生长转化，有利于早结果，三年生苹果园每亩产量可达 240～320 kg，四年生矮化宽行密植果园平均每亩产量可达 850 kg；二是通风、透光条件好，果实品质高，宽行密植栽培很好地解决了栽植密度与光照状况的矛盾，采用宽行栽植，光线可直接射入行内，另外，树体冠径较小，树冠内外光照均匀，不存在无效空间（光照度在自然光强的 30%以下），绝大部分树冠在高效优质空间（光照度在自然光强的 60%～85%），因此，果实品质能够得到保证，果实的优果率高，对蓬莱四年生矮化自根砧果园优果率进行调查发现，果实着色良好，可溶性固形物含量在 14.5%以上，优果率可达到 85%以上；三是管理省工省力，由于行距很宽，便于管理，特别是便于机械化作业，如施肥、打药、果实采收等，同时，宽行密植栽培方式与传统的栽植方式相比，最大的特点是群体效应明显，其在树形选择、修剪方式确定及叶幕构成等方面，注重整行的群体效应，而不是单纯考虑单株的个体效应，因此，宽行密植栽培在整形时是以树行为单位，考虑树行的群体结构，对单株树形要求不高，因此整形容易，可极大地减少管理用工。根据调查结果，宽行密植果园可节省喷布农药、采收等生产资料和劳动力投入成本约 25%，经济效益显著（表 3－10）。

表 3-10 苹果宽行密植栽培和常规栽培模式的效益和投入成本分析（四年生）

类型	宽行密植果园（1.5 m×4.0 m）	常规栽培果园（4.0 m×4.0 m）
树形	高纺锤形（自由纺锤形）	小冠疏层形
冠径	1.5 m×2.8 m	3.5 m×2.8 m
亩套袋个数	4 250 个	1 670 个
亩产量	850 kg	320 kg
果实可溶性固形物含量	14.5%	14.2%
优果率	85%	70%
果实销售收入	5 100 元	1 792 元
果园化肥农药投入	1 750 元	1 450 元
每天雇工成本	100 元	100 元
套袋投入（果袋成本＋套袋、摘袋用工）	570 元	370 元
亩纯收入	2 780 元	－28 元

（3）栽植方式 栽植方式决定果树群体及叶幕层在果园中的配置形式，对经济利用土地和田间管理有重要影响。在确定了栽植密度的前提下，可结合当地自然条件和果树的生物学特性决定栽植方式。常用的栽植方式有以下 6 种：

① 长方形栽植。这是我国广泛用的一种栽植方式。特点是行距大于株距，通风透光良好，便于机械管理和采收。

② 正方形栽植。这种栽植方式的特点是株距和行距相等，通风透光良好、管理方便。若用于密植，树冠易郁闭，光照较差，间作不便，应用较少。

③ 三角形栽植。三角形栽植是株距大于行距，两行植株之间互相错开而成三角形排列，俗称“错窝子”或梅花形。这种方式可增加单位面积的株数，比正方形多栽 11.6%的植株。但是由于行距小，不便于管理和机械作业，所以应用较少。

④ 带状栽植。带状栽植即宽窄行栽植。带内由行距较窄的

2～4 行树组成，实行行距较小的长方形栽植。两带之间的宽行距（带距）为带内小行距的 2～4 倍，具体宽度视通过机械的幅度及带间土地利用需要而定。带内较密，可增强果树群体的抗逆性（如防风、抗旱等）。如带距过宽，可减少单位面积内的栽植株数。

⑤ 等高栽植。适用于坡地和修筑有梯田或撩壕的果园。实际是长方形栽植在坡地果园中的应用。

⑥ 篱壁式栽植。这种栽植方式最适宜机械作业和采收。由于行间较宽，足够机器在行间运行，株间较密，呈树篱状，也是适于机械化管理的长方形栽植形式。

（4）栽前准备

① 标行定点。定植前，根据规划的栽植方式和株行距进行测量，标定树行和定植点，按点栽植。平地果园，应按区测量，先在小区内按方形四角定 4 个基点及一个闭合的基线，以此基线为准测定闭合在线内外的各个定植点。山地和地形较复杂的坡地，按等高线测量，先顺坡自上而下接一条基准线，以行距在基准线上标明基准点，用水平仪逐点向左右测出等高线，坡陡处应减行，坡缓处可加行，等高线上按株距标定定植点。

② 深挖栽植穴（沟）。定植穴通常直径和深度均为 80～100 cm。该种措施实际是果园土壤的局部改良，山区果农对此的实践体验尤其深刻，果园土壤条件愈差，对定植穴的大小、质量要求应愈高。20 世纪 80 年代以来，密植建园多顺栽植行挖深、宽各 1 m 左右的栽植沟，对果树生长的效果比穴栽好，特别有利于排水。平地挖穴常有积涝，效果不如挖沟。无论挖穴还是挖沟，都应将表土与心土分开堆放、有机肥与表土混合后再行植树。挖好定植穴后，培穴、培沟时，可刨挖穴四周或沟两侧的土，使优质肥沃土壤集中于穴内并把穴（沟）的陡壁变成缓坡外延，以利于根系扩展；尽量把耕作层的土回填到根际周围并结合施入的有机肥，最好重点改良 20～40 cm 深的幼树根系集中分布的土层，太深难以发挥肥效。

③ 苗木准备。优质的苗木是建立高标准果园的基础条件。自育或购入的苗木，均应于栽植前进行品种核对、登记、挂牌，若发现差错应及时纠正，以免造成品种混杂和栽植混乱。还应进行苗木的质量检查与分级，合格的苗木应该具有根系完好健壮、枝粗节间短、芽体饱满、皮色光亮、无检疫病虫害等条件，并达到国家标准或部颁标准中规定的指标。苗木栽植前再进行一次检查，剔除弱苗、病苗、杂苗、受冻苗、风干苗，剪除根蘖以及断伤的枝、根、枯桩等，并喷一次石硫合剂消毒。对远处运来的稍有失水的苗木，应放在流动的清水里浸 4～24 h 再栽。

④ 肥料准备。为了改良土壤，应将大量优质有机肥运到果园，可按每株 100～200 kg、每亩 5～10 t，分别堆放。

(5) 栽植时间 秋季落叶以后到翌年春季萌芽以前均可栽植，实际生产上以春栽为主。

① 早秋栽植。北方果区秋季多雨，应在 9 月中旬至 10 月上旬栽植，土壤墒情好、根系恢复快，栽植成活率高，称为“抢墒带叶栽植”，该技术是西北黄土高原苹果产区探索出的成功经验；翌年基本不缓苗，生长较旺。采用这种栽法必须就地育苗，就近栽植，多带土，不摘叶，趁雨前栽植，随挖随栽，成活率更高。

② 秋季栽植。土壤结冰前栽植，栽后根系得到一定的恢复，翌年春天植株发芽早、新梢生长旺、成活率高。在冬季干冷地区，要灌透水，然后按倒苗干，埋土越冬，这样比较安全；否则不如春栽。

③ 春季栽植。春季土壤解冻后、树苗发芽前栽，虽然发芽晚、缓苗期长，但可减少秋栽的越冬伤害，保存率及成活率高。

(6) 栽植技术 苗木栽植前如果苗木贮存得好，可以不浸泡；如果苗木贮存时土壤干，根系有失水现象，一定要用清水浸泡 4～6 h，经长距离运输的苗木要浸泡 6～8 h。浸泡好的苗木要进行必要的根系修剪处理，将劈裂的根和被病虫害伤害的根剪去，较粗的断根剪成平茬。修剪后要进行根系的消毒处理，可用 100～150 倍的硫酸铜液体浸泡 30 min，主要防治苗木的根癌病。栽植时要纵横对齐，按株行距定好苗位。苗木放正后，填入表土，并轻提苗干，使根系自然舒展、与土壤密接，随即填土踏实，填土至稍低于地面为止，打好树盘，灌足底水，待水渗下后，封土保墒。栽苗深度要适当，让嫁接口部位稍高于地面，待穴（沟）内灌水沉实、土面下陷后，以根颈与地面相平为度。苗木栽植过深时，根系生新根较晚，上面的芽萌动晚；如果气温较高，则易发生抽条或干腐病，影响新定植植株的成活率和长势。

（7）定植后管理

① 定干与套膜。幼树定植后，应按整形要求及时定干。定干高度一般为 80～100 cm。目前生产中采用纺锤形整枝的苹果园，多不进行定干。为了防止苗木抽干和金龟子等害虫对幼芽的危害，定干、刻芽后随即在树干上套上塑膜袋（袋宽 10 cm、长 60 cm 左右，要用韧厚的塑料膜做成的袋，以免被大风刮碎）保护。

② 灌水与覆膜。苗木定植后，应根据土壤湿度和天气情况及时进行灌水，栽后一般要灌水 3～5 次。有条件的果园可以在定植行内覆盖地膜，以提高地温，保持土壤水分，确保苗木成活率，缩短缓苗期，加速幼树生长。密植成行的果园可成行整株覆盖，中密度以下的可单株覆盖。覆盖前先行树盘耙平，成行覆盖宽度一般为 1.0 m 左右，单株覆盖面积为 1 m^2 左右，覆盖时结合使用除草剂。

③ 抹芽与疏梢。4 月下旬，套袋的枝干发芽展叶后，要剪开塑料袋的一角通风，以免嫩叶日灼，10 d 后，将塑膜袋顶部完全剪开放风，放风几天后，向下翻卷到树干下部，原绑绳不解，喇叭口朝下，防止害虫上树危害。6～9 月，每隔 20 d 左右检查一遍新梢的生长情况，调整方位、角度和长势，在尽量保留梢叶的前提下适量疏除过密新梢。

④ 补栽和间作。建园时应预留一部分苗木在假植园内，翌年春天以此批大苗补植，保证品种一致、大小整齐。间作以豆科作物为主，留出足够的树盘，不间作高秆作物；有水浇条件的果园，提倡间种绿肥。

2. 高接技术

苹果园要想获得高效益，品种很关键。对于价格低、效益不好的品种，可以采用高接优良品种的办法，树冠成形快，可快速进入结果期。

(1) 接穗的采集与贮藏 苹果接穗最好于休眠期采集，一般在12月上旬至翌年2月上旬树液流动前采集。应选用苹果优良品种健壮树上发育充实的一年生枝条作为接穗，枝条基部直径在0.8 cm左右为宜，并且要求枝条光滑、芽饱满、髓心小、无病虫害等。

接穗采集后，按照规定数量包装成捆，挂上标签，在背阴处进行沙藏；待开春土壤温度回升时，移入气调库内低温保湿贮藏。

(2) 高接时间 不同地区，高接的时间有差异。确定高接时间应以物候期为准，适宜的时期为树液开始流动后进行。若嫁接太早，树液尚未流动，接穗容易干枯；若嫁接太迟，会影响当年新梢的生长量和木质化程度。

(3) 高接方法

① 带木质部芽接。在接芽上部1.0～1.5 cm处，向下斜削一刀，长度超过芽体1.5 cm左右，然后在接芽下部约1.0 cm处与枝条呈45°横切一刀，取下带木质部的芽片。在原品种嫁接部位分两刀削出与接芽大小接近的切口，然后把接芽放在切口上，芽片与原品种枝条一侧的形成层对齐，再用薄膜包扎严实，露出接芽。

② 劈接。在带有3～4个芽的优良品种接穗下部两侧各削一刀，削成长为3～5 cm的楔形。将原品种高接部位从横截面中间劈开，然后插入接穗，接穗稍微露白，使一侧形成层对齐，用薄膜包严嫁接口及整个接穗，露出接芽。

③ 插皮接。在有3～4个芽的优良品种接穗下部削一个长4～5 cm的削面，轻刮背面的表皮，露出韧皮部。再将原品种的枝条截断，用刀纵切韧皮部，将接穗插入皮内，用薄膜包严嫁接口及整个接穗，露出接芽。

（4）高接后的管理 高接后，一般10～15 d接穗开始发芽，嫁接口处同时形成愈伤组织。及时抹除接芽下部（后部）萌发的新梢，即原品种萌发的新梢，防止与接芽竞争水分和养分。包裹嫁接口的薄膜经过太阳暴晒会慢慢老化脱落，如没脱落，会使接穗产生缢痕，应及时解绑。春季风大的地区，枝条长到40 cm左右时绑竹竿固定，防止枝条被风刮折。病虫害的防控参照成龄果园管理。

四、苹果园的土肥水管理技术

我国苹果栽培主要集中在环渤海湾和西北黄土高原两大优势产区，立地条件普遍较差，土壤瘠薄、肥力低下，不论地形、地势还是理化性状都存在诸多限制因子，其中以土壤有机质含量低下（平均不足1%）、土壤结构不良、养分失衡最为严重，为果树的长期优质丰产埋下了隐患。此外，受传统观念及生产技术水平的影响，多数生产者重视地上部的管理而疏于地下部管理，即使是一些高产优质果园，虽然加大了对地下部管理的投入，但仍不能达到精准施肥、精准灌溉等科学的土壤管理水平。科学合理的土、肥、水管理技术是苹果优质、高产、稳产以及苹果树长寿的基础，为果树生长创造一个良好的水、肥、气、热条件是果园技术管理的基础和前提。

（一）土壤管理新技术

果园土壤管理是指通过耕作、栽培、施肥、灌溉等，保持和提高土壤生产力的技术。

传统上的果园土壤管理普遍采用清耕制管理模式，果园清耕能使土壤保持疏松通气，故能促进土壤中微生物的繁殖和有机质的矿化分解，短期内可显著增加土壤中有效养分的供给，促进果树生长。按照耕作方式差异，清耕包括以下几种形式：

① 犁耕。针对幼龄果园采用较为传统的牛犁耕种方式，达到松土、除草的目的，增强土壤的蓄水与渗水能力。

② 旋耕。使用旋耕机平整果园区域的土壤，避免土壤板结。

③ 中耕。使用锄头进行松土，并铲除杂草，此种耕作方式在小规模果园中较为常见。

总体来说，清耕在果园土壤管理工作中发挥了不可替代的作用，但长期清耕会使土壤结构受到破坏，土壤有机质迅速减少，水土流失严重，并且在传统的清耕制的土壤管理技术体系下，通过在生长季反复多次的除草、中耕，灭除除果树以外的所有其他植物，这样的果园是单一物种的生态系统，是不稳定的，需要人为地经常性地进行管理，诸如施肥、浇水、打药等，来维持生态系统的稳定性。因此，清耕制果园中的果树经常处在一种障碍频发的状态下，典型的表现就是经常会出现叶片的早衰。随着多年清耕除草，加之化肥过量投入、有机肥投入不足，造成果园病害、土壤酸化问题日益凸显，可持续发展能力下降。加强果园土壤管理是保证果园高产、稳产、优质等可持续发展的重要途径。近几十年来，经过生产和科研工作者的不断探索，现已形成了多种土壤管理新技术。

1. 果园生草覆盖技术

现代果园土壤管理主要包括生草、覆盖两部分，针对不同的地块，应采取相应的技术措施。实行以生草、覆盖制为代表的现代果园管理制度，就是要重建果园生态系统，在最大限度上使之接近森林系统。这样的系统物种多样化，系统稳定性高。当然，果园毕竟是人工建立的以经济生产为目的的农业生态系统，不可能完全与自然的生态系统一样。每年采收大量的果实，加之修剪下来的枝条，甚至有的园子将落叶也清扫出果园，果园生态系统的物质收支是不平衡的，因此就需要人为添加，需要施肥、灌水，以补充损失。而且，实行生草制以后，果园生态系统组成成分复杂，人工添加的水、肥等物质不是简单地供应果树，而是供应整个系统，可以很大程度上依靠系统物种多样性，缓和短时间内大量供应肥水带来的冗余吸收，避免果树在施肥、灌水后的旺长；同时，在短时间内没有供给肥水时，也可由系统供应，不会出现断肥。实际上，施入的肥料先在草中贮存下来，并转化为有机态，之后随着草根系的下扎生长，送到深层土中。因此，实行生草制的果园，土壤中养分会分布得比较均匀，这一点在像钙、磷等较难移动的元素上表现尤其突出，生草后很少出现缺素症就是个明显的例子。而果园地表的覆盖则可以在很大程度上给根系提供一个稳定的环境，减轻了土壤温度、水分的剧烈变化，避免了根系功能的大起大落。

果园实行生草覆盖制后，从多个方面改变了土壤的特征，使之更接近于森林土壤，对改善土壤生态环境、维持土壤基础肥力和推动果树产业可持续发展具有重要意义。包括增加土壤有机质含量，提高土壤缓冲性能；改善土壤结构，增加水稳性团粒数量（尤其是大团粒）；提高土壤养分的生物有效性（促进土壤养分循环、转化）；稳定土壤环境温度；稳定土壤水分条件（减少蒸发、减少径流、拦蓄降雪）；增加土壤微生物数量（丰富种群数量、协调种群结构）；增加土壤原生动物数量（蚯蚓、蠕虫等）；增加果园天敌数量（捕食螨、草蛉、瓢虫、食蚜蝇、蜻蜓等）；省去除草用工。上述优点几乎无一例外稳定地、可持续地促进了树体生长发育。

（1）果园生草技术 果园生草栽培技术，是指在果树行间或全园种植多年生草本植物作为覆盖物的一种果园管理方法。包括自然生草和人工种草两种模式，前种模式中的草一般对当地气候和环境有较强的适应性，而后者多是有目的地种植对果树有益的特定品种的草，可以改善土壤特质、改进果园生境。我国幅员辽阔，经纬度跨度较大，各地气候和土壤等条件差异显著，因此，进行果草搭配时，应因地制宜，实现草与果树的合理搭配。一般地，实行果园生草时，水分是首要考虑的问题。我国以秦岭-淮河一线作为南北方的地理分界线和我国降水量 800 mm 的年等降水量线，此线的南面和北面，自然条件和农业生产方式有明显的不同，果园生草的模式也因此不同，表现为南方和北方两大区域。实行生草的果园应注意以下问题：

① 草种选择。目前的人工种草涉及的草种主要有豆科的白车轴草、长柔毛野豌豆和紫苜蓿及禾本科的鼠茅草、高羊毛和黑麦草。自然生草主要以当地野生杂草为主，适应性强。提倡自然生

草，生草前最好施入适量的土杂肥，然后进行旋耕、耙平。整地后让自然杂草自由萌发生长，适时拔除（或刈割）豚草、苋菜、藜、苘麻、葎草等高大恶性杂草。自然生草不能形成完整草被的地块需要人工补种，增加草群体数量。人工补种可以种植商业草种，也可以种植当地常见的单子叶乡土草（如马唐、稗、光头稗、狗尾草等）。采用撒播的方式，事先对拟撒播的地块稍加划锄，播种后用短齿耙轻耙使种子表面覆土，稍加镇压或踩实，有条件的可以喷水并覆盖稻草、麦秸等保墒，草籽萌芽拱土时撤除。

② 刈割管理。实行生草制的果园在生长季节适时刈割，留茬高度为 20 cm 左右；雨水丰富时应适当矮留茬，干旱时应适当高留，以利于调节草种演替，促进以禾本科草为主要建群种的草被发育。刈割时间掌握在拟选留草种（如马唐、稗等）抽生花序之前，拟淘汰草种（如藜、苋菜、苘麻等）产生种子之前。环渤海湾产区自然气候条件下每年刈割次数以 4～6 次为宜，雨季后期停止刈割。刈割下来的草覆在行内。果园生草的目的不是为了美观，而是为了覆盖土壤以稳定土壤环境、防止水土流失、增加土壤有机质含量，因此通过简单的镰刀割倒高大的草即可，为了减小劳动强度，可以将普通镰刀安装齐眉长的刀柄，做成一个改良式的钐镰，在藜、苋菜、苘麻、豚草等高大杂草长至 50 cm 高时，贴地面将其割倒，其他单子叶草在抽穗时割一次，通过这样的简单刈割，果园会形成一种草种丰富、草被疏松的良好环境。

③ 刈割机械。可选择的割草机械有很多种，最常见的是背负式割灌机，较为灵活，工效也较高，对立地条件要求不高，但留茬高度完全依靠操作者的经验，因此刈割后草被不整齐。割灌机经常会打起石子、草棍等，具有一定的危险性；且刀具易伤树干，造成树势衰减，易感染病害，甚至死树。其他的如各类草坪割草机皆可采用，但有些对地面平整度要求较高，有的机械留茬过低。国家苹果产业技术体系也研制出了一款割草机械——H26型果园割草机，自带动力，对地面平整度要求不高，割草高度设

有 5 个档位。

④ 施肥管理。幼龄树根系分布浅、范围小，不发达，与草竞争养分和水分时处于劣势，因此幼龄园生长季应注意给幼龄树施肥 2～3 次，防止树草养分竞争；建立稳定的草被后雨季给草补充 1～2 次以氮肥为主的速效性化肥，促进草的生长。草的根系密度是苹果树的十几倍，速效性肥料撒施后会被草迅速吸收利用，避免了肥料的淋溶损失。草吸收化肥后将其转化为有机态，又随着草刈割后茎叶腐烂、草根死亡腐烂等将已经转化为有机态的肥料返回土壤，而且有些草的根系下扎入土很深，可以将肥料送到较深的土壤中，这样果树根系分布范围内就有了源源不断的有机态速效性肥料供应，这也是为什么实行生草制的果园中果树生长中庸健壮。给草施肥时化肥每次每亩用量为 10～15 kg，可以趁雨撒施。有机肥也提倡直接撒施，可不受季节限制，错开农忙利用空闲时间甚至冬季进行。

(2) 果园覆盖技术 果园覆盖有利于表层土温和水分稳定，增强根系吸收能力，对于吸收根的活动非常有利，主要包括覆草和覆膜两种方式。其中，覆草是指利用杂草或作物残留秸秆等覆盖整个园区土壤，待其腐烂分解后再后续补充，保证覆盖物厚度始终维持在 10～15 cm。覆草可提高土壤肥力与有机质含量，预防水土流失，稳定地表温度，因此备受果园管理者的推崇和青睐，尤其是在山地果园，实际效果更为突出。覆膜就是使用一定厚度的塑料薄膜覆盖整个园区，有良好的增温、保墒效果。经试验数据证实，早春果园覆膜后，可提高地表温度 2～4 ℃，土壤含水量比清耕果园高 2%左右。而覆膜的成本较高，干旱季节会加剧干旱程度，且不能增加土壤有机质含量，故而采用较少。

薄膜覆盖技术分人工覆膜和机械覆膜两种。以保墒为目的的地膜覆盖应在降水量最少、蒸发量最大的季节之前进行，以带状或树盘覆盖的方式为好。如北京及河北、山东等地 3～5 月覆盖，减轻春旱危害的效果很好。但在果树易发生晚霜危害的果园及冰冻融化较迟的地区，不宜早覆膜；以促进果实着色和早熟的地膜覆盖，一般应在果实正常成熟前 1 个月时进行，以全园覆盖为好。

2. 果园间作

果园间作是一项有效提高自然资源利用率、提高果园复种指数、促进农业产业结构调整的重要技术措施之一，也是推进农业产业转型升级、实现农业增效和农民增收的一条重要途径。应选择既不影响果树生长，又有利于改善土壤肥力的作物。要按照作物的生长规律收割，将残留秸秆等翻埋于土壤中。此类耕作方式不仅可以稳定果园的经济效益，还能提高土壤的肥力与有机质含量，维系水土平衡。间作适用于 5 年以下的幼龄果园。

（1）间作原则

① 必须留足幼树营养带。在间作时，留足幼树营养带非常重要，一般新建果园的营养带宽度以 1.2～1.5 m 为宜，以满足幼树根系对土壤水分、养分的需求。二、三年生幼树果园的营养带应留足2 m 左右，幼树果园只有留足营养带并加强春季水肥管理，才能保证幼树树体正常生长、快速成型。

② 不宜间套深根系及高秆作物。深根系作物如小麦、大麦等因 5、6 月在幼树春梢旺长期争水争肥矛盾突出，不宜在幼树果园间作。高秆作物如玉米、高粱等在生长中后期会对幼树枝叶遮光，使光照不足而造成枝梢细弱，木质化程度差，影响花芽形成，不宜在幼树果园间作。

③ 秋季需大量施肥、灌水的作物不宜在幼树果园间作。间作此类作物会因灌水管理造成幼树晚秋旺长、木质化程度差、中短枝二次萌发、减少树体养分积累而影响花芽形成等。

（2）间作模式 按间作物种类可将间作模式分为“果-经”模式、“果-薯”模式、“果-瓜”模式、“果-菜”模式。代表作物分别为大豆、黑豆、绿豆、豌豆等豆类作物，马铃薯、红薯等薯类作物，西葫芦、西瓜、甜瓜、南瓜等瓜类作物，茄子、萝卜、甘蓝、辣椒以及叶菜类等耐阴或较耐阴类蔬菜作物。

(3) 注意事项

① 选择间作植物时应根据当地土壤、气候及灌水条件，选择适宜种植的间作植物，避免选择秋季或晚秋需大量灌水、施肥的间作植物。

② 对连片幼树果园特别是大户果园间作时要尽量采用机械整地、机械施肥、机械播种和收获。以免因投入人工较多而影响间作植物收益，甚至出现亏损现象。

③ 对间作植物喷施除草剂时，要选择无风天气，并压低喷头或在喷头部位装上防雾罩，以防除草剂喷洒到果树上引起药害。

④ 对苹果幼树进行喷药防治病虫害时，要充分考虑间作植物的收获时间和农药安全间隔期，特别是间作蔬菜和瓜类时，要避免在农药安全间隔期内采收而造成对人畜的危害。

⑤ 第 4 年幼树及以后的初果期、盛果期园已不再适合间作经济作物，可改种季节性绿肥或行间生草，为果树提供土壤有机质，改善生态环境。

3. 起垄栽培技术

起垄栽培在平原黏土地、易涝地效果很好。起垄后地表面积显著增加，果树根系分布范围内土壤通气、温度状况发生了明显的变化，土壤微生物活性增强，果树根系组成发生了显著改变，粗根发达、分枝多，细根发育良好，促进了树体健壮发育，叶片光合能力强，树体养分积累多。

起垄的具体方法为沿果树行间起垄，使定植线最高、两侧略低，起垄高度一般为 10～30 cm，过高会影响表层根系的透气。

4. 果园免耕技术

免耕是近年来欧美国家应用较广泛的一种土壤耕作制度。我国近年来免耕制发展也较快，但主要在农作物上应用。果园免耕能保持土壤自然结构、节省劳动力、降低生产成本。果园免耕制的缺点是，果树与作物不同，每年制造的有机物质多用于果实和枝干生长，果园若采用与作物相同的土壤免耕技术，不耕作、不生草、不覆盖，用除草剂灭草，土壤中有机质的含量得不到补充而逐年下降，并造成土壤板结。所以，采用免耕制的果园要求土层深厚、土壤有机质含量较高；或采用行内免耕、行间生草制；或采用行内免耕、行间覆草制；或免耕几年后改为生草制，过几年再改为免耕制。

综上，各项技术不是单独运用的，可根据我国各地苹果园土壤管理现状，选择果园最适宜的土壤管理模式，才能实现果园生产的高产高效、增加收益。如多数果园采用的“行内清耕或覆盖、行间自然生草（＋人工补种）＋人工刈割管理”的模式，是行内（垄台）保持清耕或覆盖园艺地布、作物秸秆等物料，行间其余地面生草的果园土壤管理模式。

（二）施肥技术

苹果树对肥料没有特殊要求，生产上几乎所有的农业用肥均可在苹果园施用。但为了保证树体生长发育的健康、丰产稳产、品质优良，施肥时要注意以下原则：以土施有机肥为主；氮肥的施用应着眼于提高氮素物质的贮藏积累，旺长期避免大量施用氮肥，要加强叶面喷施及秋季施用；注意中微量元素的使用，必须在树体碳氮代谢水平高的基础上才能发挥作用；施肥要与水分管理密切结合。

总体来讲，幼树因为需要进行根系建造，以保证树体建造的顺利进行，故而更需要磷肥，磷利于根系生长发育；结果期树则需要较多的氮、钾和钙。

1. 果园施肥量及营养诊断方法

（1）果园施肥数量 树体每年的氮的吸收量近似于树体中氮含量与第二年假定生长的组织中氮含量之和。盛果期树体中每年的氮含量处于一个相对稳定的状态。Lerin 等建议，在苹果上的最佳施氮量是果实在土壤中吸收量的两倍，这样有近 50%的剩余。多数文献中氮肥推荐用量为 100～150 kg/hm^2。

(2) 果树的营养诊断方法 确定施肥量的科学方法应通过营养诊断进行，包括如下 4 种方法：

① 田间试验法。将果园划分为不同的小区，每小区施用肥料的种类、用量不同，观察果树生长发育状况。可以找出某一土壤条件下某种肥料的最佳剂量及最佳施用时间，若与其他肥料交互使用，亦可找出最佳肥料组合。多年试验的结果可直接用于生产。

② 土壤诊断法。通过测定土壤中营养元素含量、有效土层厚度、土壤腐殖质含量、土壤 pH、代换性盐基量、土壤持水量、微生物含量等参数，综合确定土壤供给养分的能力。

③ 植物分析法。主要测定叶片、根、果实中的元素含量。叶片是元素诊断的主要器官，叶片中的元素水平可敏锐地反映出植株营养水平，但是取样标准要有严格规定，如取样时间、取样部位等，否则误差极大。根系中的元素水平可反映其吸收能力。对钙、镁的分析，尤其钙的分析采用果实分析法效果好。

④ 外观诊断法。树体营养状况如何在外观上综合表现呢？通过多年的系统观察，会形成较为可靠的综合评判，具体可以从树相和叶片两个方面加以判别。山东农业大学束怀瑞院士将苹果的树相分五类：一是丰产稳产树。一类短枝在 35%左右且分布均匀，三类短枝（叶丛枝）在 30%左右，长枝数量稳定在 10%～20%，叶片大而整齐，各类营养物质含量都较高而稳定，年周期及植株各部位营养水平变幅小。二是旺长树。长枝比例超过 20%，枝条皮层薄、芽质差异大，萌芽后的新梢上的芽内叶小、芽外叶及秋梢叶大，一类短枝约占 25%，三类短枝约占 40%，长短枝间营养竞争激烈，不易成花，植株营养水平低，根生长量大而分枝少。三是变产树。即大小年植株，不同年份间营养水平即器官组成差异大，植株各部位差异也大，不均衡。四是瘦弱树。多见于瘠薄山地、沙滩地等长期缺肥的果园中，生长量小，枝条皮层薄，叶小而黄，质脆，根浅而少，分枝差，各类营养物质少。五是小老树。生长于缺水而有一定土层厚度的山地与黏壤土上的植株，叶片中大或较小而整齐，枝条生长量小，易成花但落花现象严重，根系呈衰老状。

另据山东农业大学的研究，树体营养状况与叶片的形态关系也十分紧密：a. 苹果春梢大叶节以下的叶片（春梢芽内叶）数量及叶面积可以反映营养贮藏水平。b. 芽外分化的春梢上部叶大小与整齐度反映结果与生长的协调关系和当年营养供给状况。c. 秋梢叶的大小反映当年施肥的影响与生长势。

日本果树专家林真二在二十世纪梨上对叶片形态与营养水平关系的研究对苹果也具有重要借鉴价值：a. 叶片下垂时，表示氮素充分发挥作用；叶片呈波浪形或叶缘向外侧弯曲时，表示氮素过剩；叶缘向上起立表示碳水化合物多而氮素较少。b. 叶片厚、色泽绿且有弹性、具光泽，说明碳水化合物和氮素养分均充足；叶片为暗浓绿色但无光泽，说明氮过多；叶片薄说明贮藏养分水平低、光照不足、碳素不平衡；叶片质脆易折，说明水分与氮素不足或钾素过多。c. 氮素营养充足时叶柄长而下垂；碳水化合物丰富而氮素足或钾素过多时，叶柄粗短，叶片直立。d. 发育枝的顶叶大而充实，说明果实发育后期营养充足，能保证果实的生长。e. 枝条上下粗度差异大说明后期营养不足。

目前，日本及欧美一些国家，利用比色卡与叶色对照进行营养诊断，十分方便。

2. 施肥时期及施肥技术

（1）确定施肥时期的依据 果树对肥分的需求在一年中不是一个恒定的值，而是有规律的变化；在生育期中，不同年龄阶段，其需肥特点也不相同。大体可分为以下三个阶段：

① 萌芽期到新梢停（缓）长期。在这一时期，苹果开始时主要依靠上一年的植物器官中所累计的氮，后期依靠从土壤中吸收的氮，为苹果大量需氮期。

② 新梢停（缓）长期到果实采收期。在这一时期苹果中氮含量显著上升，新吸收的氮用于满足生长需要，贮藏的氮分配到新生器官。该时期的主要特征是氮的吸收和利用同时进行，枝干器官中氮的积累量可提供全部需氮量的60%。

③ 果实采收期到翌年萌芽期。此时期主要是贮藏氮的累积，落叶前叶片约50%的营养回流到多年生器官中。建议果园在秋季施用氮肥，这种方法在传统上被认为是有效的，依靠冬季降水，把施入的氮肥运输到根毛区；劳动力缺乏时，施肥通常在冬季或早春进行。此时期施肥有利于果树早春对养分的吸收和利用，在温暖条件下的沙壤土中，这种预期效果可以实现，但春季施的肥直到盛花期才会到达花芽。花器官的形成和早期营养生长主要依靠贮藏营养，从土壤中大量吸收氮肥是在春季枝条旺长期和叶片迅速膨大期。

一般而言，土壤矿物质元素含量在春季开始上升，随雨季到来，淋失增加，尤其是山岭薄沙地，至雨季土壤中矿物质元素含量又下降，此时对山岭地可考虑补肥。

（2）施肥时期 生产上基肥的主要施入期为早秋，即“秋施肥”。一般而言，秋季施肥应在中早熟品种采收后尽快施入，大约在9月进行；在山区干旱地块，施肥后不能灌水的，基肥也可以在雨季趁墒施用，但肥料必须是充分腐熟的精肥，挖小坑施入，速度要快，不能伤粗根。生长季追肥主要包括6个时期：

① 萌芽前追肥。此时期根系活动能力较差，吸收力差，追肥施入土中肥效差，因此，可在萌芽前利用较高浓度的速效性肥料“打干枝”，如用5%尿素喷施。

② 萌芽后至花前叶面追肥。春天土施肥料，肥料在开花时运到花中的极少；春季开花时，氮素来自树体的贮存营养。而在萌芽至开花这一时期不断叶面追肥，极有利于叶的生长，尤其是短枝及果台上的叶，形态建成后即有光合输出。因此，这个时期叶面喷肥对提高短枝营养水平是极有利的。

③ 花后追肥。花后追肥一般在坐果期进行，此时刚好处于果树的第一个营养转换临界期，果树开始由贮藏营养阶段进入利用当年获得的营养阶段，幼果生长迅速，新梢开始抽生。充足而均衡的养分供应不仅利于坐果及幼果膨大，而且利于果树叶幕的进一步建成，从而提高树体光合能力，提高其碳素代谢水平。

④ 花芽分化期追肥。此时期中枝已封顶，只有长枝、超长枝仍在继续生长，封顶枝可以进行花芽分化。此时追肥可以显著提高

树体营养积累能力，尤其是光合作用能力提高明显。树体碳素营养积累水平高，为各种生理活动提供碳元素。

⑤ 果实迅速膨大期追肥。果实生长中后期进入迅速膨大期，充足的肥分供应可以提高树体营养积累能力，为果实膨大提供更多的干物质，与当年产量关系重大。

⑥ 采果后追氮肥。果实采收后，叶片光合能力会有一个上升过程，此时结合基肥施入速效性肥料或叶面施用1%尿素、喷施磷酸二氢钾，对于促进树体营养积累和花芽进一步发育、提高枝梢成熟度具有重要意义。

另外，不同类型的苹果树体追肥时期应有所区别，才能保证各类树形向中庸健壮、丰产稳产发展。表4-1是山东农业大学经多年实践总结提出的区别施肥的建议。

表4-1 不同类型苹果树体的追肥时期

树体类型	生长特点	追肥目的	追肥时期	备注
弱树、小老树、衰老树	枝叶生长弱	促进枝叶生长	①新梢旺长前（萌芽后，花后）②秋季	以氮肥为主
旺树、无花树	枝叶旺长，不成花	缓和枝叶生长，促进花芽分化	两停（春梢停长期及秋梢停长期）施肥	增加磷、钾肥；幼旺树以秋梢停长期追肥为主
大年树	花果消耗大，花芽形成少	促进花芽分化，补充消耗，增加储备	①花芽分化期 ②采收后（晚熟品种在采收前）	如树势较弱，可在花前追一次肥，以利于坐果；注重秋施肥
小年树	花前生长弱，花果量小，花芽形成量大	提高坐果率	注重前期（萌芽前后，或开花前后）	花芽分化期不必追肥
丰产、稳产树	各器官生长适宜、协调	补充消耗，稳定供应	①以秋季为主 ②可在萌芽前后、开花前后、花芽分化期、果实发育期，少量分次	注重稳定性，避免大肥大水或缺肥断水刺激

(3) 施肥方法 生产上基肥多为土施，达到根系集中分布层即可。施肥时要将肥料与土混匀填入，踏实，灌水。主要包括 6 种方法：

① 全园施肥。即全园撒施，将肥料均匀地撒在地面，然后翻入土中，深达 20 cm 左右。全园施肥适用于成龄果园或密植园，果园土壤中各区域根系密度较大，撒施可以使果树各部分根系都得到养分供应；而且便于结合秋季深翻等用机械、畜力进行，劳动效率高。但是，若肥料施用较少，全园撒施则不能充分发挥肥料的作用。

② 环状沟施肥。在树冠投影边缘以外挖环状沟，宽 30～50 cm 即可，深达根系集中分布层，一般深度为 40 cm 左右即可。将有机肥与表土混匀填入沟内。底土作埂或撒开风化。劳动力紧张或肥料紧缺的园子，也可不挖完整的环状沟，而挖成间隔的几段（月牙沟），这样不仅可起到施肥、补肥的作用，而且利于使根系少受伤害，因为环状沟施肥法易挖断水平根。大树每次挖 4～6 个环状沟（月牙沟），小树可挖 2～3 个。每次使月牙沟总长度达半圆（即每次可使一半的根的营养状况得到改善）。雨季水多的地区，沟上要起高15～20 cm的垄，以免沟内积水。黏重土、盐碱土可于沟内加施有机物，以增加透气性，减轻盐害。环状沟施肥操作比较简单，尤其是稀植树、成龄树，挖沟方便，因此劳动效率高。但是，采用环状沟施肥每次施肥仅在外围，树冠内膛的根系得不到更新，营养条件日趋恶化，自疏死亡加快，引起内膛粗根光秃，进而导致树冠内膛短枝早衰死亡，这是树体结果部位逐年外移的原因之一。

③ 放射沟施肥。在树冠下大树距干 1 m、幼树距干 50～80 cm 处，向外挖放射沟 3～6 条。沟的规格为内侧深、宽均在 20～30 cm 即可，外部深、宽均在 30～40 cm。挖的过程中应保护大根不受伤害，粗度为 1 cm 以下的根可适当短截，促发新根，使根系全方位得到更新。肥料与表土混匀填入沟中，底土作埂或撒开风化。雨水大的地区同样需在沟上起垄（高 15～20 cm），防止沟内积水。黏重土、盐碱土壤同样可以加施有机物改良。沟的位置每年可轮换。

放射沟施肥是一种比较好的施肥方法，可以有效地改善树内膛根系的营养条件，从而促进树冠内膛短枝发育。但在密植园、大树冠下采用这一方法很不方便。

④ 条状沟施肥。在果树行间开沟，施入肥料，可以结合果园深翻进行，密植园可采用此法。工作量较大，但改土效果好，且可以应用机械提高工效。黏重土、盐碱土壤同样可以加施有机物改良。

⑤ 穴状施肥。在树干外 50 cm 至树冠投影边缘的树盘里，挖星散分布的 6～12 个深约 50 cm、直径约 30 cm 的坑，把肥料埋入即可。这种方法可将肥料施到较深处，伤根少，有利于吸收，且十分适合施用液体肥料。另外，起垄的果园在株间挖沟施入，之后再修复垄台。密植园、实行果园生草的果园可以铺施、撒施，不进行翻耕。

⑥ 分层施肥。将肥料按不同比例施入土壤的不同层次内。通常是将基肥的大部分施到较深的土层中，将少量肥料施到较浅土层，使不同深度的土层中都有养分供给果树吸收利用。这种施肥方法对一些在土壤中移动性小的肥料（如磷肥、钾肥等）效果更好。

(4) 叶面喷肥技术 果树叶片的气孔和角质层可以吸收水分和肥料，尤其是幼叶，其生理机能旺盛，气孔所占比例大，吸收速度快。同一张叶，叶的背面气孔多，而表皮下具有厚且疏松的海绵组织层，细胞间隙大而多，利于吸收和渗透，因此，叶背吸收养分快。

叶面喷施的肥料进入叶片后，可直接参与有机物合成，不用经过长距离运输，因此发挥肥效比较快，比如硝态氮，喷后 15 min 即可进入叶内。而且，肥料进入叶后不受生长中心的限制，分配均衡，有利于缓和树势和对生长弱势部位的促壮，尤其对提高短枝的功能作用巨大。另外，叶面喷肥还不受新根数量及土壤理化性质的干扰，故而缺素症的矫正也常采用叶面喷肥法。

只要保证肥料和农药不发生反应，叶面喷肥还可结合喷药进行，提高工效。叶面喷肥后 10～15 d 叶片对肥料反应最明显，以后逐渐降低，至第 25～30 d 则已不明显。因此，如果想通过叶面喷肥来满足树体某关键时期的需求，最好在此时期每隔 15 d 喷一次。

凡是溶于水，呈中性或微酸性、微碱性的肥料，不论是有机态还是无机态，均可进行叶面喷施。

苹果树叶面喷施前一定先做小型试验，确认不发生肥害时找出最大浓度后再大面积喷施。叶面喷肥的最适温度为 18～25 ℃，空气相对湿度在 90%左右为宜。喷布时间以上午 8～10 时（露水干后太阳尚不很热以前）和下午 4 时以后为宜，以免由于气温高使肥液很快浓缩，既影响吸收又易发生药害。阴雨天不要进行叶面喷肥。叶面喷肥时喷布一定要周到，做到淋洗式喷布，尤其是叶背，一定要喷到。

从表 4-2 可以看出，早春萌芽前和秋季采收后是叶面追肥的两个重要时期，特别是大年树、早期落叶树、衰弱树，因秋季和翌年春季新根量少，植株从土中吸肥能力有限，秋季喷肥可显著提高树体贮藏营养水平。萌芽前喷肥可以弥补贮藏营养及早春根系吸收之不足，对春季一系列生长发育都非常有利，喷后叶片转色快、短枝叶净光合输出早、花器官发育好、坐果率高。

表 4-2 苹果的叶面喷肥

时期	肥料种类及浓度	作用	备注
萌芽前“打干枝”	2%～3%尿素	促进萌芽和叶片、短枝发育，提高坐果率	对前一年果实负荷量大或秋季早落叶树尤为重要
	3%～4%硫酸锌	矫正小叶病	主要用于易缺锌的果园
	1%～2%硫酸锌	保持正常锌含量	
萌芽后	0.3%尿素	促进叶片转色、短枝发育，提高坐果率	可连续喷 2～3 次
	0.3%～0.5%硫酸锌	矫正小叶病	出现小叶病时应用

(续)

时期	肥料种类及浓度	作用	备注
花期	0.3%～0.4%尿素 0.3%～0.4%硼砂	提高坐果率	可连续喷2次
新梢旺长期	0.05%～0.1%柠檬酸铁，或0.3%～0.5%硫酸亚铁，或0.3%～0.5%黄腐酸二铵铁	矫正缺铁黄叶病	可连续喷2～3次
果实发育前期	0.2%～0.5%硼砂	防治缩叶病	
果实发育中期	0.5%～1%氯化钙	防治苦痘病，提高品质	可连续喷2～3次，主要喷果实
果实发育后期	0.4%～0.5%磷酸二氢钾或4%草木灰浸出液	增加果实含糖量，促进果实着色	可连续喷3～4次
采收后到落叶前	0.5%尿素	延缓叶片衰老，提高贮藏营养	连续喷3～4次，大年后尤其重要
	0.3%～0.5%硫酸锌	矫正缺锌症	常在易缺锌果园应用
	0.2%～0.3%硫酸锌	保持正常锌含量	
	0.4%～0.5%硼砂	矫正缺硼症	常在易缺硼果园应用
	0.1%硼砂	保持正常硼含量	

(5) 测土配方平衡施肥技术 测土配方平衡施肥技术是指利用营养均衡的原理，以果树在各个生长阶段所需养分以及土壤条件为依据，通过人工测土的方式进行补缺，以达到果树营养平衡的一项施肥技术。在果树的产量与质量目标都确定的条件下，果树在不同阶段的养分需求量和比例已经确定，利用果树营养规律结合测土可以计算出具体需养量和土壤可提供的养分量。土壤中缺失的养分可以通过施肥进行补充，差多少补多少，逐渐实现土壤养分的平衡。测土配方平衡施肥技术可以保障果树生长所需的养分，提高产量与

质量，同时还能减少肥料的使用频率和数量，避免浪费肥料，减少环境污染，实现水果优质天然生产，促进经济效益的提高。大致操作包括土壤测试、定类、定量、施肥等过程。

为提高果树测土配方施肥技术效果，要根据果树营养特性，实施分类指导；加强有机肥料的使用，避免环境污染；重视整个果园的施肥灌溉技术；改善施肥时间以及施肥方式。

(6) 重视有机肥的施用，减少化肥用量 我国苹果园分布地区多为丘陵山坡地或者沙滩地，一般土壤条件较差，土层浅薄、有机质缺乏、养分含量低且不均衡、土壤结构不良、透气性差、沙化后保水保肥能力低，不利于果树生长发育和优质丰产。长期偏施大量化肥导致土壤环境持续恶化，土壤酸化、次生盐渍化等障碍因子越来越成为制约果树生长发育的因素。通过大量持续施用有机肥，不仅可以提供氮、磷、钾、钙、镁、硫、锌、铁、硼等果树生长必需的元素，更重要的是有机肥中的有机成分进入土壤后可以转化为果园土壤中稳定态的有机质，显著改善土壤结构，缓解障碍因子对果树的伤害，增强土壤透气性，提高果园土壤保肥保水和供肥给水的能力，促进根系生长发育。

农业部发布的《开展果菜茶有机肥替代化肥行动方案》中提出推行有机肥替代化肥，在黄土高原、环渤海湾苹果优势产区推广4种技术模式：一是“有机肥＋配方肥”模式，该模式简便易行，适用范围广，在畜禽粪便等有机肥资源丰富的区域，种植大户和专业合作社可直接利用堆肥，其他区域可通过购买商品有机肥等方式增加有机肥用量，同时结合测土配方施肥技术，减少化肥用量；二是“果-沼-畜”模式，该模式要与规模养殖结合，适用范围窄，依托种植大户和专业合作社，与规模养殖场相配套，建立大型沼气设施，沼渣、沼液经过无害化处理后，结合苹果测土配方肥施用于果园，减少化肥用量；三是“有机肥＋水肥一体化”模式，该模式适宜灌溉条件好的产区和新建矮砧集约栽培果园，在增施有机肥的同时，应用行间生草、配方肥施用和水肥一体化等技术，提高水肥利用效率；四是“有机肥＋覆草＋配方肥”模式，该模式适宜干旱或没有灌溉条件的产区，在增施有机肥的同时，应用覆草措施减少水分蒸发，起到保水防旱的作用，还可保持土温稳定，稳定根层土壤环境，显著提高土壤有机质含量，促进根系发生，结合配方施肥技术，提高肥料利用效率。

（三）节水灌溉技术

苹果园优质高产和可持续发展与果园肥水供应密切相关，世界各国都很重视果园灌溉和施肥技术发展。俗语云："多收少收在于肥，有收无收在于水。"可见水分在农业生产中的重要地位。苹果树根系庞大，可以广泛利用土壤中的水分，抗旱性较强，但是，合理的水分管理是果树丰产、稳产、优质的保证。

一般而言，充足而稳定的水分供应可以使根系密度中等、分布均匀。新根的发生需要有充足的水分供应。据笔者利用盆栽苹果树做的试验，新根在整个生长季都可大量发生，其发根高峰不像田间树那样有明显的3个高峰期，而是每次降雨后都有一次小小的发根高峰。水分供应不足时，新生根木栓化速度加快，最快的2～3 d即木栓化，发生新根能力差，甚至生长点枯萎。而适宜的水分供应可以保持新根较长时间为白色，不木栓化；在木栓化开始后根段发生次级根能力强，次级根细长、分枝多、木栓化慢，这样的根活性强、吸收能力强、产生生长调节物质的量多、对地上部生长发育促进作用明显，树体健壮。这些细长且多分枝的新根，再分枝即产生较短的新根，它们的大量存在是树壮、稳产的保证。

水分过多时，土壤通气性差，新根极易死亡，未木栓化的部分尤其易窒息腐烂，新根再从刚木栓化的近先端处发生；新生根色深，呈浅黄甚至黄褐色，但木栓化程度低，分枝少，尤其没有细长分枝，这些树地上部新梢的先端往往黄叶。采用滴灌的，根系密度最大的区域不是滴灌点处，而是在其附近20～30 cm外，也说明水分过多不利于根系发育。

水分适宜的果园，根系分布较浅且均匀，根系的活性强、更新慢；偏旱时，利于诱导根系扎向深土层中，表层土中根系少、更新快。

1. 主要的灌水时期

灌水应在苹果树的需水临界期进行，具体的灌水时期应视天气状况和树体生长发育状况灵活掌握。多数情况下可考虑在下列时期灌水：

（1）发芽前后至花期 此时土壤水分充足，可以保证萌芽及时而整齐、叶片建造快、光合能力强、开花整齐、坐果率高，为当年丰产打下坚实基础。在我国北方干旱地区，此时期灌水更为必要。

（2）新梢旺长及幼果膨大期 此时期为果树需水的第一个临界期，新梢和幼果竞争水分，果树生理机能最旺盛，充足的水分供应可以促进新梢生长、提高叶片光合能力、促进幼果膨大。若水分不足，则叶片从幼果中争夺水分，引起幼果皱缩脱落，直接影响当年产量；如果过于缺水，则强烈的蒸腾作用会使叶片从根系中夺取水分，致使细根死亡增多，吸收能力严重下降，从而导致树体衰弱，产量严重下降。

（3）果实迅速膨大期 此时期也是花芽分化期，水分供应不仅与当年产量关系密切，而且影响翌年产量，因此，此时期为果树需水的第二个临界期。

（4）摘袋前 通常采收前不宜灌水，否则易引起裂果或品质下降（含糖量降低、着色差、耐贮性差等）。但套袋果园摘袋前应灌1次水，以免摘袋引起果实日灼。较干旱的年份，临近果实成熟也应适当灌水，以使果实上色鲜艳。

（5）采收后至落叶前 此时灌水可以使土壤贮备充足的水分，促进肥料分解及养分释放，以此促进翌年春季树体健壮生长。寒地果树越冬前灌1次水，对果树越冬极为有利。

另外，不同树体类型也应区别对待。中庸健壮、丰产稳产树，应保证稳定而适宜的水分供应；弱树应保证充足的水分供应；生长势旺的旺长树应适当控水，尤其是新梢旺长时控水有利于控旺促花；幼旺树除萌芽前和秋季灌水外，新梢旺长期只要叶片不萎蔫，就可以不灌水。

2. 灌溉方法

(1) 地面灌溉 地面灌溉包括分区漫灌和沟灌 2 种方法。

①漫灌。漫灌是传统的灌溉方法，部分采用树盘灌，一次灌透。对于深厚的土壤，一次浸湿土层达 1 m 以上；浅薄土经过改良的，也要达到 0.8～1 m，每亩用水达 60 t，既浪费水，又对土壤结构破坏较重，也引起根系窒息死亡。因此，除了冬季灌封冻水和盐碱地大水洗盐外，不宜采用大水漫灌。

②沟灌。地面灌溉中较好的方法是沟灌。具体方法是在果树行间开沟，沟深 20～25 cm，密植园在每一行间开一条沟即可；稀植园如果为黏土，可在行间每隔 100～150 cm 开一条沟，疏松土壤则每隔 75～100 cm 开一条沟，灌满水渗入后 1～2 h，将土填平。沟灌的优点是使水从沟底和沟壁渗入土中，土壤浸润均匀，蒸发渗漏量少，节约用水，每亩用水 20 t 左右，并且克服了漫灌易破坏土壤结构的缺点。黏土地还可将沟灌排两用，省去每次开沟用工。

(2) 穴灌 在树冠投影边缘均匀挖直径约 30 cm、深约 40 cm 的穴，一般挖 4～12 个，以水灌满穴为度。若结合埋设草把进行穴贮肥水，灌后覆膜，效果更好。

穴灌可以节水，每亩仅需 5～10 t 水，穴周围水分稳定而均匀，不破坏土壤结构，对于干旱、水源缺乏地区不失为一种切实可行的节水灌溉方法。

(3) 地下管道灌水 是借鉴传统沟灌技术改进而来，既具有沟灌的优点，又减少了每次开沟引水的工作量。具体方法是将塑料和合金管埋入地下，或用陶管、石块垒成管道，管道直径为 30～50 cm，管上依株距开出水孔。

石砌管道每次每亩用水 20 t，塑料或合金管一般每次每亩用 5 t 水即可。

(4) 滴灌 滴灌是近年来应用较多的一种高效节水灌溉方法，

是采用水滴或细小的水流缓慢浸润根系周围的土壤，因此水分浸润均匀，不破坏土壤结构，能保持土壤良好的通气状况。采用滴灌的植株根系分枝多，细根量大，颜色浅，活性强。

每株可设置3～6个滴头，每个滴头每小时滴水5 L，连续灌水2 h即可，每亩灌水5 t左右。在3～5月干旱季节，沙化土或沙砾土壤每周可灌2次。

(5) 喷灌 通过人工或自然加压，利用喷头降水喷洒果园的灌溉方法称为喷灌。基本上不产生深层渗漏和地表径流，不破坏土壤结构，而且可以调节果园小气候，降低低温、高温及干热风的危害。在山区沟谷地带，在较高的地方利用拦水坝蓄水，利用软管引水入园，采用自然高度差加压进行喷灌。水库下游地区亦可利用水库水的自然压差进行喷灌，效果良好。

喷灌必须在微风至无风的天气进行，风力超过3级易使喷水不均匀，蒸发损失也大，损失量可达10%～40%。喷灌后果园湿度增加，要加强病害防治，密植园尤其如此。

(6) 水肥一体化技术 水肥一体化技术是近年来发展十分迅速的农业新技术，是借助压力系统将可溶性固体肥料或液体肥料按要求配成肥液，与灌溉水一起通过管道系统输送到果树根部，可做到均匀可控、定时定量浸润根系分布区域。

该项技术的优点是水肥同施，肥效快，养分利用率高，可以避免肥料施在干土中造成的挥发损失、溶解慢、肥效发挥慢的问题，既节约肥料又减少环境污染，同时省工省时。

但水肥一体化技术要求有专门的设备，投入成本高，对水质要求也高。长期实行水肥一体化也会造成根区过湿，引起根系窒息。大量的水溶性肥料的施用也存在次生盐渍化的风险，土壤结构有恶化的趋势。

3. 雨养旱作果园水分高效利用措施

我国70%的果园是雨养农业，依赖于自然降水。从降水总量上看大部分地区降水基本能满足果树生长发育的需要，但降水时期集中，造成大部分水资源浪费，或者降雨错过了果树的需水关键时期，而其他时期果树仍处在缺水状态。如何提高自然水分的利用率是关系到能否实现优质丰产的关键。主要的技术措施有实行土壤覆盖（覆膜、覆草、覆盖地布等）、起垄集雨入穴、地膜覆盖、穴贮肥水等。

4. 排水方法

在我国北方苹果产区，果园排水时间主要是6～8月，此时正值雨季，降水丰富，气温高，若不及时排水，易引起徒长或涝害。

个别地下水位高的果园，要随时注意排水，而非仅在雨季，其他季节的急降水也会造成涝害，这些果园可挖永久性的大排水沟，随时排除多余水分。对于新植幼树，由于灌水将大量细土沉入坑底形成“花盆效应”，更容易造成涝害，雨季更要及时排水。以后随着树体长大，根系深扎形成水分通道，加之土壤中昆虫的活动，这种现象逐渐减轻。

易涝地最好不建果园，若建果园可采取下列栽培措施：

（1）起垄栽培 起垄栽培在平肥地、黏土地采用效果很好。起垄后果树的根系组成发生了显著的变化，细根发育良好，促进了树体健壮发育，秋梢叶片光合能力强，对于促进秋季发根高峰的到来、增加树体养分积累有重要意义。

（2）黏土地起垄结合挖放射沟排水 黏土地若仅起垄仍不能达到排水的目的，还可在起垄的同时，再在树下开4～6条放射沟（小树可2条）排水，放射沟内端深、宽各20 cm，外端深、宽各40 cm，沟外端与行间垄相通，从距树干50 cm处开挖，将玉米秸捆成一捆埋入放射沟中，每个放射沟追100 g尿素、100 g磷肥，填土，使沟部呈屋脊状，这样沟内水会被较通畅地引流到垄沟里，不会造成积水。

五、苹果树的整形修剪技术

目前，苹果产业正在发生深刻变革。为了获得更佳的经济效益，栽培模式正由乔化稀植向矮化密植过渡。尽管最适宜的树体大小和栽植密度还存在一定程度的争议，但紧凑型的树体更易获得较高的经济效益已经得到普遍认同。用于传统稀植大冠树体的栽培技术已不再适用于新的栽培模式，尤其是控冠技术必须做出相应调整，而整形修剪技术无疑是控冠技术的重要组成。整形修剪的主要目的是在土、肥、水综合管理的基础上，调控苹果的生长量和生长节奏，调控苹果树生长与结果、衰老与更新之间的转化，调控苹果树与环境的关系，以达到早果、丰产、稳产、优质和省工的目的。

（一）树体的结构特点

1. 树干

树干是树体的中轴，由主干和中心干两部分组成。从根颈以上到第一主枝之间称为主干；主干以上到树顶之间部分称为中心干。有些树体虽有主干但无中心干。树干，尤其是主干是树体地上部分树冠与地下部根系之间营养交流的中枢，是树体的重要部位，要注意保护。

2. 树冠

主干以上，由茎反复分枝构成树冠。树冠内比较粗大而起骨干作用的枝称为骨干枝。直接着生在树干上的永久性骨干枝称为主枝。主枝上的永久性分枝称为侧枝。骨干枝依分枝的先后次序排列级次，主枝是一级枝，侧枝是二级枝，树体上不同级次的枝相互间形成主从关系。就一棵完整的乔木果树来说，主枝从属于中心干，侧枝从属于主枝。由于骨干枝的组成和配布不同，从而形成不同的树冠外貌。中心干和各级骨干枝先端的领头的一年生枝称为延长枝，中心干和骨干枝借延长枝而逐年延伸，扩大树冠。骨干枝是树体的骨架，支撑着全树的枝叶和果实，在生理上起树上树下营养物质的输导交流和大动脉的作用，也是树体营养物质贮藏的重要器官。因此在生产上应特别注意保护这些部位，以保护树体结构的稳定，为高产稳产奠定基础。

3. 枝组

枝组是着生在各级骨干枝上的小枝群。它是构成树冠叶幕和生长结果的基本单位，也是抽梢、长叶、进行光合作用、开花结果、构成全树产量的基本单位。枝组直接着生在各级骨干枝上，骨干枝的结构合理与否直接影响枝组，两者是相互依存和相互制约的关系。良好的骨干枝能充分合理地占有空间，使树冠内通风透光良好，能容纳足够数量的各类枝组，运输渠道畅通。只有有了良好的骨干枝才能着生大量优良枝组，全树的骨干枝和枝组生长发育良好才能提高叶面积系数，生理机能强，光合产物多，才能为高产稳产奠定基础。

骨干枝的分枝级次影响营养运输液流的分散和集中程度。大型树冠根深叶茂，必须有多量分枝才能形成大量叶片，从而形成大量的光合产物。而乔化树上升液流量大、生长势强，骨干枝经过 2～3 次分枝后仍有充足液流维持健壮树势。因此生产上常使骨干枝形成 2～3 级，以利于形成较大的树冠和足够的分枝，以分散树体营养，缓和树势，形成足够数量的健壮而稳定的枝组，创造高产稳产的树体结构。小型树冠的骨干枝分枝级次相应地要少一些。树体分枝级次的多少可以通过修剪加以调节。

枝组与骨干枝之间是可以互相转化的，即枝组通过减轻结果负担、抬高角度等加强营养生长的措施，就能转化为骨干枝；反之，有些骨干枝通过增加结果量、压低角度等措施也可转化为枝组。生产上常有骨干枝发生腐烂病而被锯掉时，选择其残留部分上的方向、角度和生长势适宜的枝组，培养成骨干枝，以代替被去掉的骨干枝。

4. 枝条

一年生枝上的芽抽生出新的枝条和叶片，在当年落叶以前称为新梢。新梢落叶后即为一年生枝。一年生枝分为营养枝与结果枝。一年生枝上的芽翌年又抽生新梢，着生此新梢的母枝就变成二年生枝，枝龄逐年增长。芽萌发、芽鳞片脱落后，在新梢基部形成的环痕称为芽鳞痕或轮痕。自然生长的幼树可通过轮痕判断枝龄或树龄；而大树则要通过年轮来判断树龄。

在新梢生长过程中，其叶腋内的芽当年萌发抽生新的枝梢称为二次枝，二次枝当年又抽生的分枝称为三次枝。有些树种的二次枝习惯上又称为副梢，三次枝又称为二次副梢。果树新梢的一年多次分枝现象与树种、品种、树龄和栽培管理有关。

苹果树的幼旺树和旺枝的健壮发育枝，在6～7月有一段生长停滞时期，表现为节间变短、芽体不饱满或只有瘪芽，有的只有芽的痕迹而无芽，然后又进行生长，使新梢明显地分成两段，称为春梢和秋梢，两段的交界处一般称为盲节。有时新梢的生长可分成春梢、夏梢和秋梢三段。秋梢是后期发生的，光合作用的时间少，故芽和枝梢的充实程度往往不如春梢。

（二）苹果树的枝、芽习性

1. 芽的种类

（1）叶芽 萌芽后只抽生枝叶的芽称为叶芽。叶芽着生在枝条的顶端或侧面。

（2）花芽 芽内含有花原基的芽称为花芽。苹果的花芽为混合花芽，既含有花原基又含有叶原基，萌芽后既可抽生枝叶又可开花结果。苹果花芽顶生（顶花芽）或侧生（腋花芽），其中以顶花芽结果为主。腋花芽主要发生在初结果期树上，且发生数量与品种有关。

2. 枝的种类

（1）营养枝 只着生叶芽的一年生枝或新梢称为营养枝。依其长度可分为长枝（15 cm 以上）、中枝（5～15 cm）、短枝（5 cm 以下，节间极短，无明显腋芽）。

营养枝根据生长情况不同又可分为发育枝、竞争枝、徒长枝、细弱枝；依抽生季节不同可划分为春梢与秋梢、副梢。

（2）结果枝（结果母枝） 着生有花芽的一年生枝称为结果枝。依其长度可分为长果枝（15 cm 以上）、中果枝（5～15 cm）、短果枝（5 cm 以下）

（3）果台枝 苹果花芽萌发后，先抽生短枝，在其上开花结果，短枝膨大，成为果台，在果台上萌生的枝称为果台枝，亦称为果台副梢。

3. 枝、芽的特性

（1）芽异质性 位于同一枝上不同部位的芽由于发育过程中所处的环境不同和内部营养供应不同造成芽的质量有差异的特性称芽异质性。芽质量常用芽饱满程度表示，即饱满芽、次饱满芽、瘪芽等。芽的质量对发出枝条的生长势有很大影响，修剪时可利用剪口芽的质量差异，增强或缓和枝势，达到平衡树势和调节枝梢生长势的目的。

（2）萌芽率与成枝力 发育枝上萌发的芽数占枝条总芽数的百分比表示萌芽率。发育枝经剪截后，抽生出长枝的能力称为成枝力（以抽生长枝的个数表示）。

（3）潜伏芽（隐芽） 由于发育程度较差或处于枝条基部，完成芽分化后在正常情况下不萌发的芽称潜伏芽（隐芽）。

（4）顶端优势 活跃的顶端分生组织、生长点或枝条对下部的腋芽或侧枝生长的抑制现象称顶端优势。表现为先端枝条生长势明显比下部强，有时亦称为极性。顶端优势的程度与枝条角度有关，发枝特性随着枝条拉平、拉弯变化，生长优势部位由先端向背上或弯曲部位转移。

(5) 层性 层性指树冠中的大枝呈层状结构分布的特性，是顶端优势和芽的异质性共同作用的结果。延长枝短截对剪口附近几个芽的生长有明显的促进作用，使层性更加明显。整形中利用苹果树的层性，可培养分层的树形。

(6) 生长势与树势

① 一年生枝的生长势由其长度、粗度、其上着生的芽饱满程度、枝着生角度、节间长度等指标判断。骨干枝的生长势则根据其上着生的一年生枝数量、不同类别枝梢的枝类比来判断，即枝类或枝类组成。

② 树势则是由其上着生的各类枝的生长势综合形成，优质、丰产、稳产的苹果树需要中庸、健壮的树势。以新梢生长量、枝类比、叶面积及叶色等指标表示。

修剪的目的之一即是通过调节各类枝的生长势强弱、相互间的平衡，形成有利于优质、丰产的树势。修剪中许多剪法与枝生长势有关，如回缩、更新、换头等。

(7) 花芽形成规律

① 苹果的花芽以顶花芽为主，部分品种幼树在超长枝上可形成一定量的腋花芽。树势较强的成龄树，在花芽分化多的大年，也有一些腋花芽。腋花芽开花一般比顶花芽晚，坐果率低，果实质量差。但一些苹果品种如寒富，幼树腋花芽不仅数量多，而且结的果实质量亦佳，是早期产量的重要组成部分。

② 苹果以短果枝结果为主。苹果花芽分化是在新梢停止生长以后进行的，苹果短枝生长期短，停止生长早，较易分化花芽，成为主要的结果枝。但在结果初期，长果枝所占比例较高；随着树龄增长，结果量增加，树势趋于缓和，短枝结果比例逐渐增加。苹果幼树和树势过旺树的短枝比例低，花芽分化期间营养生长旺，是幼

旺树不能适龄结果和树势过旺时产量低的重要原因。

③ 中庸枝缓放。当年成花，翌年开花。

④ 长枝缓放。树梢趋于缓和时，对生长枝进行连续缓放，并配合其他促花措施，短果枝着生部位主要在二、三年生枝段，侧生的中、长枝连续单轴延伸，易形成一串短果枝的串花枝。

⑤ 果台枝连续结果。果台枝当年形成花芽，形成连续结果现象。苹果果台枝连续结果能力与品种有关，也受栽培技术和树体营养条件影响。一般情况下果台枝当年形成花芽的比例较少，第二、三年才成花。疏花疏果时，疏掉一部分果台上的花或果，形成空台，其果台枝成花的概率更高，借以调节来年的花量，克服隔年结果现象。一个果园的果台枝当年成花的比率在一定程度上反映了果园的管理水平。

⑥ 负载量指单株或单位面积上的苹果树所能负担果实的总量。适宜负载量依树种、品种、树龄、树势、栽培水平和气候条件而不同。生产上通过调控花芽分化率、疏间花芽和结果枝以及疏花疏果，保持合理的留果量以保证当年产量、质量和最大的经济效益，而且不影响翌年必要花芽的形成和维持当年的健壮树势并具有较高的贮藏营养水平。留果量若超过了负载量，容易出现大小年现象，严重时还会引起树势衰弱和枝干病害的发生。

（三）修剪的基本方法

苹果树修剪的基本方法包括短截、长放、疏剪、回缩、曲枝、刻伤、摘心、扭梢、拿枝、环状剥皮等多种方法。各种方法有各自的作用，其反应又会受到自然条件、栽培条件和树势、枝条着生部位、母枝生长状况以及结果量等因素的影响。因此在实际应用时，应有一定的灵活性，有时可以综合应用几种方法，以达到预定的目的。

1. 短截

剪去一年生枝梢的一部分的措施称为短截。短截可促进剪口下芽的萌发生长，提高成枝力，增加长枝的比例，其反应效果随短截程度和剪口附近芽的质量不同而异。

（1）轻短截 长枝轻短截仅剪去枝条顶部，剪口芽为次饱满芽，可形成较多中、短枝，有利于缓和枝势，枝轴加粗较快，容易成花，在树的长势较旺时采用。

（2）破顶 大叶芽枝破顶可减缓生长势，有利于花芽形成；长果枝可以去顶花芽，以花换花。

（3）戴帽 在春秋梢交界处短截，留盲节，剪口下为弱芽，抑制了顶端优势，促使其下萌发较多的中短枝，形成花芽。戴帽和轻剪长放的反应相似，但戴帽可缩小所占空间，并使枝组紧凑。

（4）中短截 剪在枝条中部春梢饱满芽处，可形成较多的长枝，生长势旺，萌芽率高，光秃带少，枝干牢固、紧凑，常用在骨干枝、大型枝组的延长枝上。中短截会引起树势变旺，长枝比例过高，影响花芽形成。在幼树增枝阶段应用较多，树冠达到一定高度后应减少短截。

（5）重短截 在枝条下部剪，剪口芽为次饱满芽，可抽生1～2个旺枝、短枝，一般不能形成花芽，多在枝条较密或培养紧凑型枝组时应用，因其修剪量偏大，在现代苹果修剪中应用较少。

（6）极重短截 在枝条基部瘪芽处剪，反应效果是抽生1～2个中庸枝、短枝，在枝条密集、强枝换弱枝时使用。

2. 长放

长放指一年生长枝不短截，也称甩放、缓放，常用于中、小冠树形的整枝中。其反应效果随枝条类型不同而异。

（1）中庸枝、斜生枝和水平枝长放 易发生较多中短枝，容易成花和结果。为防枝条后部秃裸，可结合刻芽、环剥、拉平等措施进行。

（2）背上枝长放 需连续长放2～5年，可以成花结果，注意要留有生长的空间，不可过密，并控制大小，防止大树上长小树。长放与短截的生长量相比，长放法的单枝生长量较少，但萌发的枝数多，总枝叶量大，母枝加粗快。

3. 疏剪

将枝梢从基部疏去，亦称为疏枝，可减少分枝、降低枝条密度，改善树冠内部通风透光条件，对母枝有较强的削弱作用，有利于花芽分化、提高果品质量、减缓结果部位外移。由于疏、留枝条的情况各异，其反应亦有不同。疏除竞争枝、重叠枝、直立枝、过旺枝，可以增强延长枝的生长势。对于生长势弱的枝组，疏去侧枝可集中养分、增强枝势。甩放枝可缓和生长势，培养单轴延伸枝组。伤口附近的萌枝，无发展空间的要疏除。萌发多个枝条时，可保留 1～2 个，多余的疏去。

4. 回缩

剪去多年生枝的一部分称回缩，也称缩剪。修剪的刺激较大，其反应效果因留枝的多少、强弱、角度不同而异。多用于结果枝组培养、角度调节和更新，骨干枝角度调节和更新，枝长和树冠大小的控制，应用时要特别注意剪后几年树体的连续变化。

随树龄增加，骨干枝结果后先端下垂，在后部形成发育枝处回缩。结果枝下垂，在拐弯处发出新枝，通过回缩改变枝条角度，进行更新。

当主枝衰弱、其上枝组较多而没有大分枝时，在主枝中后部回缩，刺激剪口后部枝条的生长，常用于大树的更新。

回缩后，留下的几个枝组都会返旺、变大，选出一个作为新的枝头，其余枝组要控制，疏强枝，后部继续回缩，总体上“前抑后促”。

5. 曲枝

改变枝梢方向和角度的措施称为曲枝。把直立枝拉平、下弯或圈枝，能削弱枝条的顶端优势、提高萌芽率，有利于减缓生长，促进花芽形成和结果。曲枝可开张骨干枝角度，能使一些直立枝、竞争枝免于疏除，变废为宝。

（1）别枝 将直立枝别在其他枝的下面，变成水平枝。

（2）圈枝 萌芽前圈枝，发芽后形成短枝时将枝圈打开，因为枝条在圈和放的过程中受到伤害，可抑制新梢生长，形成一串短枝，有利长枝的改造。注意要及时打开枝圈。

6. 刻伤和多道环割

（1）刻伤 春季芽萌发前后，在芽的上方用刀或用小锯横切皮层达木质部，称为刻伤或目伤。可阻碍顶端生长素向下运输，能促进切口下的芽萌发和新梢的生长。单芽刻伤多用于缺枝部位；多芽刻伤主要用于轻剪、长放枝上，以缓和枝势、增加枝量。

（2）多道环割 在枝条上每隔一定距离用刀或剪环切一周，深达木质部，能显著提高萌芽率。主要用于轻剪、长放枝上，以缓和枝势、增加枝量。

7. 摘心

夏季摘除新梢幼嫩的梢尖，可削弱顶端生长、促进侧芽萌发和二次枝生长、增加分枝数。

对直立枝、竞争枝应在其长到15～20 cm时摘心，以后可连续摘2～3次，从而能提高分枝级数，促进花芽形成，有利于提早结果。亦可培养成结果枝组。

幼旺树果台副梢摘心，可提高坐果率。

秋季对将要停长的新梢摘心，可促进枝芽充实，有利于幼树越冬。摘心时间一般控制在摘心后不再生长的时期，若又生长则需重复摘心。

8. 扭梢

5月上中旬新梢基部处于半木质化状态时，将新梢基部扭转180°，使木质部和韧皮部受伤而不折断，新梢呈扭曲状态，可控制背上枝旺长和促进花芽形成。

扭梢枝缓放可形成小型结果枝组，有利于早结果，但这些枝组处于背上，过多时不好处理，可以在扭梢技术上加以改进。将扭梢时间提前 5～7 d，也就是新梢半木质化的部位更低一些时，这时将新梢基部扭伤，向一侧压平，这样处理的枝条会在秋季形成一个中庸枝，可以作为侧生分枝留下，这样背上枝就被改造成了有用的侧生枝。

9. 拿枝

拿枝亦称捋枝，在新梢生长期用手从基部到顶部逐步使其弯曲，伤及木质部，响而不折。在苹果春梢停长时拿枝有利于旺梢停长和减弱秋梢生长势，有利于形成花芽。多年生枝重复进行拿枝软化，不仅可以开张枝干角度，而且可以增加花芽量。秋梢开始生长时拿枝，可以减弱秋梢生长，形成少量副梢和腋花芽。秋梢停长后拿枝，能显著提高次年萌芽率。

10. 环状剥皮

环状剥皮简称环剥，即将枝干皮部剥去一圈。环剥暂时中断了有机物质向下运输和内源激素上下的交流，能促进剥口以上部位碳水化合物的积累，同时也抑制了根系的生长，降低了根系的吸收功能。因此，环剥具有抑制营养生长、促进花芽分化和提高坐果率的作用。环割、环状倒贴皮、大扒皮等都属于这一类，只是方法和作用程度有差别。绞缢也有类似作用。操作时应注意以下几点：

（1）环剥时间 与环剥目的有关。若为促进花芽分化，则宜在花芽分化前进行；若为提高坐果率，则宜在花期前后进行。

（2）环剥宽度与深度 适宜的宽度以剥后 20 d 左右能愈合为宜。环剥过宽则导致伤口长期不能愈合，抑制营养生长过重，甚至造成枝梢或植株死亡；环剥过窄，则愈合过早，不能充分达到目的，一般为枝直径的 1/10～1/8。环剥的适宜深度为切至木质部。若切得过深，则会伤及木质部，会严重抑制生长，甚至使环剥枝梢死亡；若过浅，则韧皮部有残留，效果不明显。

对环剥敏感的品种，可采用绞缢、多道环割，也可采用留安全带的环剥法，即留下约10%部分不剥。

环剥应在生长偏旺的树上应用，弱树营养积累不足，环剥后会引起树势衰弱，加重枝干病害。为防止病虫害对切口的危害和促进剥口愈合，可用塑料薄膜或纸对剥口进行包扎。注意剥口包扎时间不可过长，以免剥口愈伤组织过多。

（四）主要树形及整形技术

1. 苹果树形分类

苹果树形依据其树体结构和树冠形状进行分类。树体结构主要包括中心主干落头和开心的早晚、部位，主枝的有无、数量、长度、分枝角度、枝干比、主枝在中心干上分层排列或不分层排列，侧枝的有无等。树冠形状主要分为半圆形（疏散分层形、小冠疏层形）、开心形、纺锤形（自由纺锤形、细长纺锤形）、圆柱形、松塔形等，苹果生产常用的树形结构比较见表5-1。

表5-1　常见树形结构

树形	主枝	主枝或分枝				侧枝
		数量（个）	长度（m）	角度（°）	枝干比	
圆柱形	无	30～40	0.7～1.2	80～120	1∶5	无
细长纺锤形	小	15～20	1.0～1.2	80～110	1∶3	无
自由纺锤形	中	8～10	1.5～2.0	70～90	1∶2	无
小冠疏层形	大	5～6	2.5～3.0	60～80	1∶1.5	有
小冠开心形	大	3～5	2.5～3.0	60～80	1∶1.5	有
基部三主枝自然半圆形	大	5～6	3.0～4.0	60～80	1∶1.5	有

苹果生产上应用的树形很多，应依据不同的砧穗、自然和栽培条件、栽植密度、控管技术等因素，形成不同的生长势和最终的树体大小，进而选用相应的树形和整形方法。

2. 影响苹果树体大小的因素

（1）砧木、品种及其组合 砧木依据其对接穗品种生长势影响的潜力，分为乔化砧、半矮化砧、矮化砧和极矮化砧等。苹果品种有短枝型和普通型，而同一类型的品种生长势亦有差别。苹果品种嫁接在不同的砧木上，砧木和品种形成了新的复合体，不同砧穗组合有不同的表现，形成不同的树势类型，亦可分为乔化型、半矮化型、矮化型和极矮化型等（表 5－2）。

表 5－2 生产上常用树形的适用范围

树势类型	品种类型	砧木类型	栽植距离（m）	树　形
乔化型	普通型	实生砧	4.0×6.0	主干疏层形
半矮化型	普通型 红星短枝型 富士短枝型	半矮化砧 实生砧 实生砧	3.0×5.0 (2.0～3.0)×4.0 3.0×4.0	小冠疏层形 自由纺锤形 自由纺锤形
矮化型	普通型 红星短枝型	矮化砧 半矮化砧	2.0×4.0 2.0×4.0	细长纺锤形
极矮化型	普通型 短枝型	极矮化砧 矮化砧	(1.0～1.5)×(3.0～4.0)	细长纺锤形、主干形、高纺锤形、V形

（2）自然条件 果园所在地的纬度、海拔高度、地形、坡度、土层深度、土壤理化性状、气候条件（如温度、雨量及分布等）等。

（3）栽培条件 灌溉条件、施肥情况、栽植密度、整形修剪技术等。

3. 苹果树形选择

树势、自然条件和栽培条件共同决定了苹果树冠最终的大小，是树形选择的主要依据，同时也要考虑不同修剪措施在控制树冠大小上的作用。密植果园应用大冠型树形易造成成龄果园郁闭，但若应用中冠型树形，如果整形技术措施不当，树冠大小得不到有效的控制，也会引起果园郁闭。

乔砧稀植树的树冠大，宜采用主枝少、级次多、骨干枝牢固的基部三主枝自然半圆形、主干疏层形、自然半圆形；乔砧密植树易形成中冠形，适宜选小冠疏层形、小冠开心形、自由纺锤形等；矮砧密植树的树冠小，宜选用狭长、紧凑的树形，如圆柱形、细长纺锤形。

4. 苹果主要树形的整形技术

(1) 基部三主枝自然半圆形 该树形为稀植大冠果园的基本树形，与其相近的有主干疏层形、双层五主枝自然半圆形等，其特点是幼树培养强健的中心干，盛果期在最上层主枝形成后落头、开心，主枝分层排列，着重培养基部3个大主枝，其枝叶量和结果量占全树的60%～70%，形成下大上小的半圆形树冠。

整形过程如下：①定干与栽植当年修剪。一般在距离嫁接口70～80 cm处定干，剪口留在迎风面，剪口下要求8～10分饱满芽，饱满芽不够时需调整定干高度。分枝力弱的品种定干高度较高时，应在萌芽前后进行刻芽，以增加萌发新梢的数量。新梢长30 cm左右时，对角度较小的分枝进行拿枝软化，开张角度，7～8月重复一次。疏除树干上50 cm以下的分枝。定植当年冬季修剪，选择位置居中、生长旺盛的枝条作为中心主枝延长枝，留50～60 cm短截，剪口芽方位一般向内。疏除角度小、过粗的竞争枝和分枝。选择3个方位好、角度合适、生长健壮的枝条作为三大主枝，留40～50 cm短截，剪口芽一般留外芽。选择1～2个中庸枝作为辅养枝进行缓放，其余过密、过旺枝一律疏除。疏除竞争枝后，如只能选留2个主枝，则中心主枝延长枝的短截应稍重，一般可剪留40～50 cm，下一年再留第三主枝。辅养枝长放不短截。②2～4年未结果树修剪。中心干上萌发的新梢，应于夏秋开张角度；主枝上的背上旺枝，应进行扭梢控旺。冬季修剪时，在中心干上所发出的枝条中，选留一个直立壮枝作为中心主枝延长枝留50～60 cm短截，剪口芽的方位上与上年的相反。疏除竞争枝。主枝延长枝留40～50 cm短截，并注意剪口下第三芽为明年选留第一侧枝的方位。每一主枝除延长枝外，再留一枝进行短截，留下的长度比延长枝稍短。疏除过旺和过密的枝条，留下的枝条作为辅养枝，一律缓放。如此反复，通过4～5年完成整形。③盛果期树的修剪。6年以后，树体基本骨架已经形成，主要通过每一年的修剪来进一步完善，并保持各骨干枝之间的平衡关系。同时培养各种类型的结果枝组，逐步提高产量。随着树龄的增大，树冠越来越大，枝条数量增加，树冠内膛的光照条件变差，要有效地控制树高、枝展和枝条的密度。各骨干枝延长枝的修剪与前几年基本相同。当树体高度达到6 m左右时，可考虑进行落头处理。落头宜分次进行，落头位置应选择在至少具有2个较大的分枝处，分枝应生长势缓和、角度较大。树落头后应同时对树冠上部枝梢进行处理，以防止因其处于极性位置从而生长旺盛，造成上部过大，影响其下层主枝接受光照。

基部三主枝自然半圆形的树形骨干枝数量少、分层排列，叶幕层厚度适中、分布均匀，树冠内部光照条件好；骨干枝牢固，骨干枝上分枝级次多，枝组寿命长，果实体积大，果实品质优良，是乔砧稀植大冠的典型树形，但是它成形年限较长，开始结果较晚，整形修剪技术复杂，难度大，不推荐在今后的生产中应用。

（2）小冠疏层形 在密植条件下，对主干疏层形的压缩和改进，减少了骨干枝的数量和级次，缩短了层间距离，控制了树冠大小，以适用于短枝型、半矮化砧或生长量较小的中等密度苹果的栽培。

该树形有中心干，直立或弯曲延伸，干高50 cm左右，全树有5～6个主枝，分2～3层排列。第一、二层层间距为70～80 cm，第二、三层层间距为50～60 cm；第一层的3个主枝均匀分布，邻近或邻接，层内距为20～30 cm，主枝基角为60°～70°，每个主枝上着生 1～2 个侧枝，第一侧枝距主干 50 cm 左右，第二侧枝距第一侧枝 40～50 cm；第二层留 1～2 个主枝，与第一层主枝插空安排，不留侧枝，直接着生结果枝组。树高为 3.5 m 左右，冠径为 2.5 m 左右。

整形过程如下：

① 定干和栽植当年的整形修剪。定干高度为 60～80 cm，剪口芽留在迎风面。剪口下 20～40 cm 的整形带内要有 8 个以上饱满芽。苗干发芽前后，选择平面夹角为 120°、芽间距为 10～20 cm 的 3 个芽进行刻芽，刺激芽体萌发，抽生旺枝，以备选留主枝。抹除距地面 40 cm 以下干段上萌发的嫩梢。5 月和 7～8 月，对竞争枝和角度小的分枝进行开张角度。冬季修剪时，应疏除竞争枝、枝干比＞1/2 的强枝。中心主枝延长枝留 60～70 cm 短截。选出大小相近、生长势一致的 3 个主枝，留 50～60 cm 短截。对于当年仅抽生 3～5 个长 30～60 cm 新梢的弱树，其主枝留 30～40 cm 短截。各主枝短截后剪口下第 3 个芽的位置是未来侧枝的位置。如果第一年只能选定 2 个主枝时，中心主枝延长枝剪留长度般一般不宜超过 30 cm，剪口下第 3 个芽一定要留在第三个主枝应该着生的方向上，即二年培养出第一层主枝。留 1～2 个生长势中庸的分枝作为辅养枝，缓放不剪。开张角度偏小的枝条，需拉开角度。

② 第二年的整形修剪。4～5 月，对上年选定的主枝，应采用拉、撑、坠、压等措施，使主枝基角保持在 70°左右，辅养枝拉成 90°。对主枝上新萌发的辅养枝，可以采取扭梢、摘心等方法，以缓和枝势，增加中、短枝数量。冬剪应疏除竞争枝、角度小的旺枝、过密枝。中心主枝留 50 cm 左右短截。各主枝延长枝留 40 cm 左右短截，主枝下面留一枝，短截留长比主枝延长枝稍短。中心主枝延长枝下面选取 2～3 个大而插空生长的枝，也短截留 40 cm 左右，作为第一层的过渡层，以后采取缓放、环割等促花措施，培养成大结果枝组。上年留下的辅养枝，应疏除上面的强枝，并采取缓放、环割等促花措施。

③ 第三年的整形修剪。5～6 月对背上直立枝进行扭梢，对辅

养枝进行拉平、软化，较大的辅养枝应在 5 月底进行基部环剥，以促进成花结果。冬剪应疏除竞争枝、角度小的旺枝、过密枝。中心主枝留 50 cm 左右短截。疏除各主枝上的强枝、过密枝，延长枝留 40 cm 左右短截。侧枝不再留大的分枝，进行单轴延伸延长枝短截时留长应比主枝稍短。中心主枝延长枝下面预选 2 个二层主枝，留修剪前 40 cm 左右短截。上年留下的辅养枝疏除上面的强枝，并采取缓放、环割等促花措施。疏除过密的辅养枝。

④ 四至五年生树的整形修剪。夏剪原则上与上年相同。冬剪时，在中心主枝上应选强枝当头，保持顶端优势，并选出第二层主枝，插在基部主枝的空档处，同时，基部主枝上培养 1～2 个侧枝。调整主、侧枝生长势，使其健壮生长，对辅养枝采取轻剪、缓放、夏剪等措施，减缓枝势，增加中、短枝数量，促进花芽分化，提高产量。到第六年，可基本完成整形任务。

该树形树冠紧凑，结构合理，骨架牢固，树冠内部光照条件好，生长结果均匀，高产优质，适合生长势较弱的短枝型品种半矮化树和果树生长势容易控制的山地果园，在烟台、威海地区的许多果园表现良好。但是在果树生长比较旺的地区，树冠很难有效地控制，树冠过大容易形成全园郁闭，结果部位外移，产量和质量下降。

(3) 小冠开心形 小冠开心形又称高干开心形，是在日本大冠开心形基础上试验推广的树形，其特点是树干较高，骨干枝数量、层数和级次较少，叶幕层薄，通风透光较好，果实品质优良，是适于中等密度苹果栽培的树形。也是密植郁闭果园改造的目标树形之一。

该树形干高 1.0～1.5 m，树高 2.5～3.0 m，主干上最终保留 3～4 个主枝，每一主枝上着生 2～3 个侧枝，主枝和侧枝上着生结果枝组，有的下垂结果枝组可延伸 1.0～1.5 m。成形后树冠叶幕呈波浪状，厚 1.5～2.0 m。

苹果小冠开心形的成形过程可分为四个阶段。1～4 年为幼树阶段，又称主干形阶段；5～8 年为过渡阶段，又称变则主干形阶段；9～10 年为成形阶段，又称延迟开心形阶段；10 年以后逐渐发育成形。

整形过程如下：

① 幼树期的整形修剪。幼树阶段建立树体骨架，迅速形成主干形的树体结构，管理方法与自由纺锤形基本相同。a. 栽植第一年的整形修剪。在80～100 cm处定干，夏季苗木的剪口下可发生4～6个长的新梢；剪口第一枝作为中心主枝延长枝培养，夏季不做处理；第二芽枝角度直立，易形成竞争枝，当其长到30～40 cm时进行软化拉平，以促进其他新梢生长；其他枝角度小的，可通过拉枝进行调整。第一年冬季修剪时，中央主枝延长枝留60 cm左右短截。疏除竞争枝和过粗枝，留4～5个长枝作为骨干枝，轻短截或缓放。b. 二至四年生树的整形修剪。夏季应对角度较小的枝条进行拿枝软化、拉枝等，开张角度；对当年发出的背上旺梢进行扭梢以控制生长势，疏除过密的和过旺的枝；三至四年生树，生长势较旺、枝量较大的，应进行环剥促花，以便以果压冠，控制树势和树冠大小。冬季应对中心主枝延长枝留50～60 cm短截；疏除竞争枝；角度开张、长势缓和的枝条作为骨干枝保留，轻短截或缓放；各骨干枝延长枝缓放不短截，其他枝条通常保留并缓放，培养结果枝组；疏除骨干枝上较大的分枝，使骨干枝保持单轴延伸。

4年幼树期结束时，已形成主干形树冠，骨干枝数量达到12个，树高达到3.0～3.5 m，初步形成纺锤形树冠基本结构。

② 过渡期的整形修剪。此时期的主要任务是完成苹果树形由主干形树形（垂直叶幕）向开心形树形（水平叶幕）的过渡，同时也要完成树体由营养生长向结果的过渡。在此期间，需实施开心、落头、疏枝提干等措施，同时全树的主枝逐渐明确，辅养枝数量逐渐减少。

树龄达到五至六年生时开始落头、开心，要逐步进行。首先疏除上部过密的分枝，减少上部的枝量，缓和上部的生长势，减少因落头引起的树体冒条；其次在二至三年生的部位第一次落头。

落头时，还要采用留保护橛的方法。即在计划落头的主枝处，往上多留20 cm左右的中央干落头，形成中干保护橛，橛上要保留少量枝或保留来年橛上萌发的部分新梢。这样既可以保持橛的生命力，不易从伤口感染腐烂病，又可用其遮光，防止落头后骨干枝的灼伤，待计划落头的主枝处的干粗大于保护橛的粗度时，可以将橛去掉，此时落头的伤口相对较小。

落头部位应根据树势逐渐下移，最后定位到最上一个永久性主枝上，完成落头、开心全过程。落头、开心宜在树势基本稳定、花芽大量形成之后开始，这时主干形树体结构基本形成。冬剪时，可视树体长势逐年从主干上端向下落头，将树体顶端优势转化为横向优势，将垂直生长变为水平延伸，从而减小了叶幕厚度。

疏枝提干应从第5～6年冬剪时开始，直到第8～10年开心形形成时结束，为开心形树形的形成起到了重要的作用。疏枝提干通常从树干基部开始，逐年疏除过渡性骨干枝及辅养枝，依次向上提高树干。每年冬季修剪时，可根据树势及果实负载情况，疏除1～2个骨干枝，到第8年过渡期结束时，全树骨干枝由最初的10～12个过渡到4～5个；其后随着成形期的进一步调整，最终形成2～4个永久性主枝。与落头、开心相似，疏枝提干也应在苹果树长势基本稳定、花芽大量形成之后开始。疏枝提干之前，不但要考虑全树的果实负载，同时还要考虑树冠中上部永久性主枝的果实负载。

进入过渡期以后，开心形苹果树的树体及结果枝组逐渐形成。为了促进枝组成花，应尽快完成树体过渡，并配合落头、开心与疏枝提干的顺利实施，需要根据树的生长势进行环剥促花处理。

主枝的选留应从第5～6年开始，直到第8～10年时结束。因此，永久性主枝的选留贯穿过渡期与成形期两个整形期间。主枝的选留还与主干高度有关。最上边的主枝以朝北最好，有利于全树的光照。主枝修剪时，为了稳定树势，延长枝以轻剪缓放为主，同时也需要选择培养大、中、小型结果枝。

在过渡期，树龄较小时应尽量利用辅养枝，尽可能缓放轻剪，及早结果。这一时期辅养枝担负着树体的主要产量，应在空间允许的范围内尽可能利用。但对影响主枝、临时主枝生长的辅养枝，要进行改造、缩小，甚至疏除；对于着生部位较低的辅养枝也要逐渐改造或疏除。随着树龄的增加，永久性主枝上的结果枝组越来越多，辅养枝的结果功能也随之弱化，产量从辅养枝上逐渐向主枝转移。第8年过渡期结束时，开心形苹果树上通常仅保留3～5个永久性主枝和少量辅养枝。

经过枝条自然甩放，结合疏除旺枝培养松散型结果枝组，呈单轴延伸，侧生或下垂。为了缓和树势，结果枝组宜多留。当永久性主枝形成后，结果枝组也逐渐分化为不同大小类型，相互填补空间。部分枝组自然下垂，连续结果，形成下垂、单轴延伸的结果枝组。

③ 成形阶段的整形修剪。此阶段的主要任务是进一步完善树形结构，并培养下垂结果的枝组体系。高密度果园在这一阶段控制临时株，并逐渐间伐。这时以主枝为中心的扇状枝群仍在缓慢扩展，向外伸展扩大树冠，同时结果枝组也继续下垂延伸，扩大立体空间。多余的主枝要进行逐渐改造和疏除，最终实现预定的永久性主枝数量。由于苹果树已大量结果，主枝的延长枝也往往由于果实负载而下垂，因此，应在主枝背上部位注意培养有发展前途的枝组，成为将来的预备主枝头，以便在主枝衰弱后及时更新。

在成形期，一部分结果枝组生长势衰弱，枝龄达到6～8年时，需要考虑枝组的更新。更新之前，枝组基部弯处经常出现萌生枝，选择生长势比较旺盛的背上枝作为结果枝组的预备枝进行培养，待其形成结果能力后，将旧的结果枝组从基部疏除。结果枝组的更新需要循序渐进，逐年分批进行。

④ 成形后的整形修剪。开心形苹果树的树形骨架基本稳定后，主枝向外延伸较慢。该期整形修剪的任务，一方面是维持现有树形结构，平衡树势；另一方面还需要及时进行主枝的更新，复壮树势，尽可能地延长经济结果年限。需要注意主枝延长枝的定期更新，即当主枝延长枝明显衰弱时，可由背上萌生枝代替。一般更新周期为10年左右。开心形苹果树经济结果年限的长短与结果枝组的维护与更新密不可分。为了平衡与复壮结果枝组的生长势，整形修剪时通常需要注意，应适当降低结果枝的密度，增加结果枝组的

光照；定期进行枝组的更新，一般更新周期为6～8年，当结果枝组新梢势力明显衰弱时，应由背上萌生的新枝或枝组代替；为了保持树势，应不做夏剪，并适当加大冬季的修剪量；注意多留中长枝和多疏短枝、弱枝。

(4) 自由纺锤形 适于密植的树形，是目前短枝型和半矮化砧苹果树应用的主要树形。中心主干强健，着生多个小型主枝，开张角度大，不分层，主枝上不留侧枝，单轴延伸，树冠狭长，上小下大，外形呈纺锤状。

该树形干高50～70 cm，树高3.0～3.5 m，中心干直立。中心干上着生8～10个主枝，主枝长1.5～2.0 m，分层或不分层，下部主枝稍大，向上依次递减。同侧主枝上下间距不小于60 cm，互相插空生长。主枝上不着生侧枝，直接着生结果枝或结果枝组。主枝开张角度为70°～90°，上部主枝角度可稍小。

主要整形过程如下：

① 栽植当年的整形修剪。苗木定植后在60～90 cm处定干（土层较厚的地块、平地高些，山地、瘠薄地低些），剪口芽留在迎风面。如果是壮苗，定干高度应在100～120 cm，建园质量高，栽后亦可不定干。萌芽前后定位刻芽，促发分枝。7～8月对新梢进行拿枝软化，使侧生枝的开张角度达70°～90°。当年冬季修剪，选择生长位置居中的强壮枝条作为中心干延长枝，留50～60 cm短截，中心干生长弱时，可用竞争枝换头，以保持中心干优势。疏除竞争枝和过粗的旺枝或直立枝，保持枝干比小于1/2。在主干上选择4个以上开张角度适当、枝条排列方位均匀、枝条着生点相距10～20 cm的生长势中庸的枝作主枝，极轻短截或不截。

栽植当年应留4～5个主枝，如果计划培养的枝条不够，应将分枝全部极重短截或疏掉。翌年在疏枝的部位会重新发出新枝，采用这种剪法比第一年留枝更容易控制基部枝条的生长，利于培养瘦长的树形。

② 二年生树的整形修剪。该时期夏剪的主要任务是开张中心主枝上各分枝的角度、控制主枝背上枝的生长势。在生长季，新梢

长 25～30 cm 时拉枝、软化，用牙签支撑。主枝背上枝扭梢。疏除过多的、没有生长空间的直立旺梢。第二年冬剪，应培养强健的中心主枝、控制主枝生长势。中心主枝延长枝留 60 cm 左右短截。疏除竞争枝和生长过旺的、过密的分枝。主枝延长枝不短截。疏除主枝上过长的分枝，保持单轴延伸。在中心主枝二年生部位，选留 4～5个生长势中庸的分枝作主枝，不短截。

③ 三年生树的整形修剪。对于矮化砧或短枝型树，此时树形已基本形成并开始结果，夏剪时要注意开张骨干枝角度，让其多结果。对乔化树，尤其是红富士等结果晚的品种，于 5 月中旬至 6 月初，可将二年生骨干枝环剥或多道环割，其他夏、秋剪措施与第二年相同。冬剪时，要注意树势平衡，防止下强上弱或上强下弱，在中心干上继续选留 3～4 个分枝，中心干延长枝继续剪留 50～60 cm，其他冬剪措施同第二年。

④ 栽后第四年及以后各年的整形修剪。整形基本完成，树高控制在 3.0～3.5 m，有 10～15 个主枝。修剪要领是保持冠内枝条生长势的平衡。各骨干枝延长枝一般不剪，以后要保持枝条间的相对平衡关系，防止上强下弱，对过大的分枝，要用加大开张角度、减少枝叶量、疏除其上的较大分枝、适当多留果和基部环剥等措施及时控制。

自由纺锤形整形容易，树体结构简化，骨干级次少，修剪量小，留枝早，枝量增加快，结果早，早期产量高，适宜短枝型品种或半矮化砧苹果栽植密度中等的果园。对于乔化砧富士苹果，因其树体生长势强，树冠不易控制在有效营养面积内，盛果期以后易出现树冠交接，造成果园郁闭，出现这种现象时需要及时进行树形改造。

(5) 细长纺锤形 适用于（1.5～2.0)m×(3.0～4.0)m 的矮化砧苹果密植栽培，是目前短枝型和矮化砧苹果树应用的主要树形。中心主干强健，着生多个小型主枝，开张角度大，不分层，主枝上不留侧枝，单轴延伸，结果枝和结果枝组着生在中心主枝和主枝上，树冠狭长，上小下大，因外形呈纺锤状而得名。修剪量轻，枝条级次少，整形容易，成形和结果早，树冠通风透光好，易保持良好的果园群体结构，管理方便，产量高。

该树形干高 50～70 cm，树高 3 m 左右，中心干直立，着生 20 个左右分枝（或称小主枝）；主枝短小，角度开张，主枝不留侧枝，直接在中心主干或小主枝上结果；树体不分层，树形狭长，结构简单、紧凑，行间两行树冠之间留有 1 m 左右的间隔；下部小主枝近于水平，长度不超过 1.5 m，分枝基部粗度小于母枝的 1/3，即枝干比小于 1∶3，上部分枝更小，实际上是中心干上的水平结果枝组。

主要整形过程如下：

① 根据苗木的质量采取不同的措施定干。当苗高不足 1.0 m 时，宜在高 0.5 m 处选择饱满芽短截，翌年再进行主干处理；当苗高在 1.0～1.5 m、苗木不带分枝时，可在高 0.8 m 处进行短截，即定干；当苗高在 1.5～1.8 m、苗木带有一定分枝、苗木健壮时，可适当提高定干高度至 1.2 m，并去除粗度超过主干 1/3 的分枝；当苗高超过 1.8 m、苗木生长健壮时，可不定干，但应去除粗度超过主干 1/3 的分枝；当苗高超过 1.8 m 且苗木分枝多、苗木生长势强时，可不定干，同时可保留较多的符合枝干比的分枝。第一年冬剪，应将中心干上的所有分枝极重短截，或从基部疏去，将中心干延长枝轻短截，在春梢或秋梢饱满芽处短截。翌年春天，在上年生长部位的疏枝或重短截部位会发出长枝；在中心干延长部分，又会发出 5～7 个长枝，第二年冬季长枝量可达到 10～15 个，可形成基本的树形骨架。

② 第二年冬剪。对中心主枝延长枝应尽量轻短截，疏除竞争枝、重叠枝、密生枝、直立旺枝和枝干比不符合要求的主枝，在二年生部位发出的枝条，只要枝干比在 1∶3 以下，就基本保留而不短截。

③ 第三、四年的整形修剪。对中心主枝延长枝轻短截，疏除其下竞争枝。控制各主枝的生长势，主枝延长枝不打头，疏除各主枝延长枝附近的竞争枝，疏除主枝上超过主枝 1/3 粗度的分枝，保

持枝干比例，使主枝呈单枝轴延伸。第四年年底，已完成基本树形的骨架，以后继续保持中心主枝的优势，控制好分枝的生长势，培养结果枝组，正常结果。盛果期以后，根据植株生长结果情况，进行落头、主枝和结果枝组的更新，使之优质、丰产。

中心主枝上的分枝角度从一至二年生幼树开始调整，以便有效地控制其生长势，当中心干上所发出的新梢长到 30 cm 左右时，可将基部软化，并用牙签支撑开角，可获得良好的基角，以后随着新梢的加长，再拿枝软化或拉枝，以保持良好的腰角。主枝保持单轴延伸和较大的开张角度，主枝过长或先端衰弱时需要回缩更新。当集中部位有较多需拉枝开角的枝梢，而且新梢长已超过 40 cm 时，可将待拉枝全部捋下，枝梢头部合并在一起，绑在主干上，维持 1～2 d后放开（一定要及时解绑）。

细长纺锤形是矮化密植苹果树的基本树形，树冠瘦长，容易建造理想的群体结构，树冠内通风透光条件好，果实品质优良；树体结构简单，成形早，修剪量轻，用工少，技术易推广。但是由于各地应用的砧穗组合不同，在当地自然条件下，形成的树势不同，或栽植密度不同，要求树冠的大小不同，在中心主枝的培养和主枝的控制技术方面均有一定的差异，而且出现一些不同的相似树形，如高纺锤形，但其基本结构是相同的。

（6）圆柱形 又称主干形。其中心干直立、强健，无主枝，中心干上直接着生结果枝组，各类枝组均匀分布于中心干上，不分层，树高 2.5～3.5 m，冠径 2 m 左右。与细长纺锤形相比，基本结构相似，但中心干上的分枝数更多、更小、更短，因此对分枝的生长控制更要严格。

该树形结构简单，透光良好，适用于矮化砧、高密度栽培，所结果实品质优良，亦可培养成篱壁式果园。矮化砧木的矮化效应不足时，整形的难度很大，需对分枝进行扭梢、软化、拉大角度和多次环刻，甚至应用生长抑制剂，随着树龄的增长，控冠的力度加大。

圆柱形的基本结构与细长纺锤形相同，只是在控制中心干上的分枝方面要求更严格，分枝更细、更小，成为长放型结果枝组，分枝小型化和扶干技术与细长纺锤形相同，因此以下仅介绍整形要点。

① 第一年冬季，将分枝全部疏去，以增加第二年中心干上的分枝量，也便于控制分枝的生长势，分枝枝干比达到 1∶(4～5)。

② 及时开张分枝角度。夏季用软化、支撑、拉枝等措施，冬季则疏除角度小的分枝，需保留的分枝进行拉枝开角，各分枝角度应大于 90°。

③ 刻芽增枝。对中心干和分枝光秃的部分及时刻芽，促发分枝，增加分枝量，中心干上的分枝应达到 30～40 个。

④ 适时促花。分枝多次、多道环刻或环剥促花，用结果的消耗来控制分枝的加长生长和增粗。

⑤ 及时进行分枝更新。利用下垂枝后部发出的健壮枝，培养成更新的预备枝。经回缩更新，可使分枝由大变小，控制枝展。回缩时注意更新部位的反应，避免返旺。

(7) 松塔形　该树形目前主要在河南灵宝地区乔砧苹果上试用，经圆柱形整枝演变而成。外形类似雪松的树冠，中心干强健，着生 25 个左右下垂的分枝，开张角度为 95°～110°，上部分枝较小，下部较大；分枝无侧枝，呈单轴延伸，间距为 10 cm 左右，枝干比为 1∶4；需在有效的促花措施下，以果压冠，才能完成整形。整形技术与圆柱形基本相似。

(8) V 形　在宽行高密度篱壁栽培的情况下，先应用圆柱形整枝，待树冠基本形成后，将树体分别向左右两边倾斜，两株树形成一个 V 形，固定在双篱架上，以后的修剪与圆柱形基本相同，分枝绑缚在铅丝上。

该树形可以应用宽行密植，例如 5 m 行距、1 m 株距栽植，成形后相邻行树梢的间距为 1.0～1.5 m，而地面的实际行距仍为 5.0 m，因而便于土壤管理和机械操作。而且，树干倾斜有利于控制先端优势，防止上强下弱，缓和生长势，但是，需应用矮化砧组合才能容易完成整形和管理工作。

（9）Y形 培养两主枝的开心形，每个主枝按圆柱形整形，即成Y形树冠。其优点与V形树形相同，适合宽行矮化砧密植苹果栽培。成形容易，管理简单，修剪轻，用工少。

（五）不同时期的修剪特点

1. 幼树期

苹果幼树的生长特点，一是生长旺盛（在正常管理情况下）；二是树体小，枝叶少。要使苹果幼树适龄结果、早期丰产，修剪上要按照幼树的特点，恰当地利用各种枝条，有促进，有转化，有抑制，要删繁就简，利用矛盾，解决矛盾。

幼树早期丰产的主要修剪技术措施如下：

（1）以促为主，迅速培养树冠，为早期丰产奠定基础 树冠大小是苹果树结果多少的基础，只有迅速形成树冠，才能为早期丰产奠定基础。苹果树的生长发育在幼龄阶段，营养物质多供给营养生长。因此，在二、三年生以前的苹果树，就要根据这一特点，加强营养生长，防止出现小老树，促进迅速形成树冠，使树体、枝条早日布满树体空间。一至三年生树，为了促进营养生长、扩大树冠，应修剪采取少疏、长留的剪法，以增多枝叶量。整形上的重点是基角的开张。

（2）以缓为主、适当轻剪是获得早期丰产的保证 当幼树进入四至五年生时，就要采用以缓为主的修剪方法，使营养枝迅速转化为结果枝，解决生长与结果的矛盾。要合理增加小枝密度，迅速培养结果枝组，有效地控制和调节树体内营养的分配，使树势缓和。这个时期结果的枝是平、斜、细、弱枝和腋花芽枝。整形上主要是抓角度（大枝、小枝），特别是主枝的腰角，夏季开角当年可固定。原则是轻剪、缓放、多留枝。骨干枝及时拉直下垂，直立、徒长枝及时疏除，平斜枝甩放，中长营养枝可采用春秋交界处短截、破顶等手法促进短果枝形成。

对于六至七年生树，应截缓结合，以缓为主，控制树体直立，多利用裙枝结果。此期，缓枝要注意平、斜枝宜缓，竞争枝、直立枝、徒长枝一般不缓。

(3) 解决轻剪与改善冠内通风透光条件的矛盾 八至十年生树的修剪重点是促进内膛见光，使里外都结果，此时期的主要问题是光照。对七年生以前的幼树，为了使树冠扩大快、结果早、丰产，修剪量是较轻的，因此，必然出现枝多而引起光照不足、小枝结果后容易衰弱的问题。八至十年生的树可看作是向大树丰产的过渡阶段。为了给大树丰产打好基础，修剪上应当有所改变，以解决前期存留的问题，所以采取的主要措施是，该换头开张的换头，该回缩的回缩，疏除过密的枝条，有空间的要短截分枝补空，弱枝应及早更新复壮。要留有光路，保持适宜的叶幕间距，使树上各类枝条上疏下密，防止外围郁闭，达到常年见光、里外见光的效果。

总之，幼树期的整形修剪原则为整体促进、局部控制，边促进、边控制。也就是说，整体促进树冠变大，局部控制早开花。

2. 盛果期

盛果期树的结果量逐年增多，营养枝逐渐减弱。此时期修剪的主要任务是调节生长与结果的关系，平衡树势，改进内部光照条件，更新结果枝组，防止大小年，保持树势健壮；延长盛果期的年限。

盛果期树的各级骨干枝已经基本固定，应继续保持良好的从属关系，使树势均衡，枝条分布均匀。对盛果后期生长较弱的树或发枝力弱的品种，中截数量要多些，以促进其生长。对连年结果衰弱的结果枝组要及时回缩以更新复壮；对新培养的或更新后生长势强的结果枝要轻截缓放，以利于结果。

盛果期树要注意克服大小年，除了加强土、肥、水管理，搞好疏花疏果控制树体负载量外，在修剪上，也要根据树势的强弱和树体的生长情况，运用不同的修剪措施。若在树势偏旺时出现了大小年，可进行轻剪以缓和树势，树势缓和后大小年的幅度即可减轻。

若在树势衰弱时出现大小年，则应在大年时多破除中长果枝花芽，多缓放中短营养枝，形成花芽小年结果；小年时，除了尽可能保留花芽外，要多短截营养枝，促生分枝，增加枝量，少形成花芽。

3. 衰老期

20 年以后的树如果管理跟不上，就会新梢生长很短，内膛枝组衰弱或死亡，表现为结果部位外移、树冠逐渐缩小或不完整、短果枝多但结果少、修剪反应不敏感、伤口愈合能力差。因此，这一时期的修剪任务应该是更新骨干枝和结果枝组以恢复树势，延长枝组寿命和结果年限，使产量回升。修剪时要注意抬高枝头角度，多用短截，留壮枝壮芽，促生新枝，疏剪细弱过密枝，尽量利用和保持直立徒长枝，以便更新树冠。

六、苹果园的花果管理技术

苹果的花果管理技术是指从花芽萌动到果实采收期间进行的，以提高果实质量和产量为目的而进行的管理技术，是苹果周年生产中持续时间最长、最重要的管理技术。科学地进行花果管理是增加苹果产量、提高果实品质、克服大小年结果的重要措施。“一年之计在于春”，春季是苹果花果管理的黄金时期，在这段时期主要开展授粉受精、疏花疏果、合理负载和果实套袋等技术措施，把握住春季花果管理是全年的关键。夏秋进行的修剪、果实摘袋、铺设反光膜等是花果管理的重要配套措施。只有做到科学管理、有的放矢，才能高效生产，从而创造良好的经济效益。

（一）提高坐果率的技术

苹果属于异花授粉植物，自花授粉坐果率极低，在品种种植单一、没有配置授粉树的情况下，会发生种子发育不良、果型不端正、优质果率和产量低等现象，适宜的授粉品种既可改善果实外观品质，又可以提高果实内在品质。苹果花粉主要依靠昆虫等媒介传播，其中壁蜂、蜜蜂是最重要的传粉昆虫。因此，提高坐果率主要依靠以下几项关键技术：

1. 合理配置授粉树

选用不同授粉品种对苹果的坐果率、果实品质以及产量等有很大的影响。在庆阳苹果产区的调查发现，不少果园果实着色差，偏斜果率在60%～70%，主要与授粉树的配置有关。授粉树的配置，传统上通常采用搭配栽植不同品种的方法，使品种间互相授粉等，如红富士和红星品种间搭配栽植。但由于不同品种成熟期不同，给果实采收带来了极大的不方便，特别是密植的果园，采收早熟品种的同时，容易对晚熟品种造成机械损伤或碰掉果实等，从而降低商品果率。

配置专用授粉树是苹果生产发达国家和地区普遍采用的方式，尤其是集约化的密植果园。果园配置专用授粉树，不仅可以使园相整齐，还有利于机械化作业。而且专用授粉树适应性强，枝条旺、易成花，花量大，花期长，花粉多且萌发率高，没有大小年现象，对主栽品种授粉效果好，果实品质提升，且不需特殊管理，省时省工。有学者对专用授粉树的研究结果发现，栽植专用授粉树的园区，果实果肉硬度、可溶性固形物含量、维生素 C 含量等内在品质方面有不同程度地提高。如王延秀等进行了以红波等 10 个海棠品种的花粉为长富 2 号苹果进行人工授粉的研究，发现配置专用授粉树的园区坐果率显著高于用新红星授粉的。其中，红波授粉的长富 2 号坐果率高达 86.18%。

(1) 专用授粉树应具备的条件 授粉树要具备与主栽品种花期相遇，且花粉量大、生活力强，与主栽品种授粉亲和力强，花粉直感效应好等条件。传统模式下授粉树与主栽品种按照 1∶8 的比例栽植，现代矮砧果园按照 1∶4 的比例成行栽植。常用的专用授粉树品种与主栽品种搭配如表 6-1 所示。

(2) 专用授粉树的整形修剪 专用授粉树的树形要求细长，尽量少地占据果园空间。要求栽植后高定干（定干高度至少为 70 cm)，定植当年保留最靠上的强旺枝，使其直立生长，侧生新梢长度达到 30 cm 左右时摘心促分枝，至少连摘 2 次，以确保树体长高。第二年中心干延长枝在 60 cm 左右处打头，侧生枝基部在花后留 2 个芽重剪，7、8 月疏除过于强旺的枝条。第三年树高达 3 m 以上时，所有侧生枝基部在花后留 2 个芽重剪，7、8 月疏除过于强旺的枝条。之后每年的管理与第三年相同。

表 6-1　专用授粉树品种与主栽品种搭配

主栽品种	推荐授粉树品种
烟富系	红玛瑙、绚丽、雪球
嘎拉	绚丽、雪球、火焰
金冠	红丽、满洲里、道格、绚丽
王林	道格、红丽、满洲里
天红 2 号	绚丽、红丽、雪球
陕富 6 号	A10、秋实、B1
红将军	绚丽、红丽、钻石
珊夏	火焰、凯尔斯

2. 授粉受精

(1) 人工辅助授粉　苹果具有自花不结实的特性，在栽植品种单一、授粉树配备不足的果园必须依靠人工辅助授粉。人工辅助授粉主要有以下 3 种方法：

① 人工点授。首先将采集的花粉按照 1∶(3～5) 的比例混入滑石粉或淀粉装入小瓶中，当中心花开至 30%以上时，可在当天使用毛笔、铅笔上的橡皮等进行点授。需要注意的是，人工点授时应有目的地授粉，每个花序只需点授中心花和一朵边花即可，对串花枝不可点授过多。

② 器械授粉。在花粉中按 1∶10 的比例加入细地瓜粉或淀粉，混合均匀后装入喷粉器中，于盛花初期、盛花期各喷施 1 次。器械授粉的优点是劳动强度低、授粉速度快、操作简单。器械授粉的效率是人工点授的几十倍，可解决花期用工荒的问题。

③ 液体授粉。每千克水加花粉 2 g、糖 50 g、尿素 3 g、硼砂 2 g，配成花粉悬浮液，于苹果全树 60%～70%的花朵开放时用喷雾器均匀地喷洒于花朵柱头上。

注意事项：要求当天混合的花粉应在当天用完，特别是液体授粉，要求配置后 2 h 内用完，花粉在液体中浸泡时间稍久（2～3 h 后）就会涨裂，失去活力。

(2) 壁蜂授粉 壁蜂是苹果、梨、桃、樱桃等蔷薇科果树的优良传粉昆虫。目前中国果树在生产中已应用的壁蜂有5种，分别为凹唇壁蜂、紫壁蜂、角额壁蜂、壮壁蜂和叉壁蜂。其中凹唇壁蜂分布广，主要分布于辽宁、山东、河南、河北、陕西、山西、江苏等地，是北方果园的主要传粉昆虫；紫壁蜂和角额壁蜂主要分布在环渤海湾地区；壮壁蜂主要分布于中国南方；叉壁蜂主要分布于江西和四川等地。壁蜂授粉技术在环渤海湾产区和黄土高原产区使用比例较高，早、中、晚熟品种都适宜。

壁蜂授粉的优点：

① 壁蜂耐低温，日工作时间长，访花速度快，传粉效果好。各种壁蜂在花期气温为12～16℃时即能正常采粉、采蜜和营巢；从早6～7时出巢采集花粉，至下午6～7时停止访花采粉，每天活动时间12 h以上，日访花量达4 200朵，授粉能力强，访花1次授粉率即高达40%。而蜜蜂的活动适温是20～30℃，低于17℃时不利于访花授粉；每分钟访花5～8朵，日访花量仅720朵。

② 壁蜂繁殖主要通过不完全的人工饲养，仅需为壁蜂的繁殖提供巢管和巢箱、收存巢管和巢箱并采取适当措施控制壁蜂出访时间等即可，不需要人工提供饲料和饲养管理。其繁殖倍数角额壁蜂约为3.5倍，紫壁蜂约为5.0倍，凹唇壁蜂约为6.5倍。

③ 壁蜂授粉能显著提高坐果率和果实品质。凹唇壁蜂授粉使果树坐果率明显提高，富士提高0.3～2.7倍，金元帅提高0.3～1.4倍，单果重平均增加20 g。新红星花朵被角额壁蜂授粉后坐果率平均为45.98%，被蜜蜂授粉后坐果率平均为30.63%，自然授粉的坐果率平均为14.60%；红富士花朵被角额壁蜂授粉后坐果率平均为59.20%，被蜜蜂授粉后坐果率平均为38.30%，自然授粉的坐果率平均为23.40%；小国光花朵被角额壁蜂授粉后坐果率平均为62.60%，被蜜蜂授粉后坐果率平均为39.20%。

④ 壁蜂授粉的果园果型端正。通过对新红星、红富士、小国光的果实剖查，发现壁蜂授粉的平均单果种子数增加2～4粒。红富士种子的数量多达12～16粒，平均单果重增加30～45 g，横径

增加18%～32%。

⑤ 从投入成本看，壁蜂每亩一次性投资50元（每头0.50元），可多年受益，并且树冠上下、内外授粉均匀。而人工点授每亩需6～8个工日，投资60～80元，并且树冠上部和内膛等处往往难以授到。应用壁蜂授粉的果园平均每亩的产量比自然授粉的增加250～400 kg，收入增加290～460元。

壁蜂授粉法分为四步：

① 准备巢管和巢箱。巢管主要用芦苇管制作，将管口染成红、绿、黄、白4种颜色，各颜色比例为20∶15∶10∶5。巢箱用硬纸箱、木板、砖石制作均可，尺寸为20 cm×26 cm×20 cm，5面封闭，1面开口。

② 设置蜂巢。在释放壁蜂之前，要先设置好蜂巢。每亩放蜂巢1～2个，蜂巢距地面40～50 cm，蜂巢上盖防雨板，要超出蜂巢口10 cm。

③ 放蜂时间和方法。在苹果开花前3～4 d，将蜂茧装在带有3个孔眼的小纸盒里，每盒放60头蜂茧；盛果期的苹果园每亩放蜂200～250头；初果期的幼龄园放100～150头，分别放在蜂巢口前。

④ 巢管回收与保存。苹果谢花后20 d收回巢管，若回收过早，花粉团会因水分尚未蒸发而变形，造成卵粒不能孵化和出孵幼虫窒息死亡；若回收过晚，蚂蚁、寄生蜂等天敌害虫会进入巢管取食花粉团和壁蜂卵，一旦被带入室内，会危及壁蜂的卵、幼虫、蛹和成虫。捆好巢管，平挂在通风无污染的空屋横梁上。12月初剥巢取茧，每500个蜂茧装入一个罐头瓶中常温保存，春季放入冰箱中0～4 ℃保存。

注意事项：

① 谨慎用药。壁蜂对农药极为敏感，大多杀虫剂或部分杀菌剂对壁蜂都有毒杀作用。放蜂期谨慎用药，如确须用药，应该及时将蜂箱移到安全的地方，待用药7～10 d后移回。

② 合理布置蜂箱。在果园盛花期，因蜜源丰富，壁蜂活动范围相对较小，对果园边角的采花量相对较小。因此，蜂箱应根据果

园大小、蜂量多少合理布置，尽量让壁蜂的飞行半径覆盖整个果园，以保证授粉质量。

（二）合理负载与疏花疏果

苹果栽培的目的是实现优质、丰产、稳产并获得高收益，疏花疏果、合理负载是实现优质、丰产、稳产的重要技术手段。盛果期的树体花量多、留果量大，轻则造成消耗大量的贮藏营养，出现果个变小、糖度降低、果味变淡、果形不标准等问题；重则导致大量落花落果、影响新梢的生长和第二年花芽的形成、形成大小年结果。

1. 确定合理负载的方法

合理负载需要根据栽培品种的特性、环境条件和管理措施来建立良好的"源-库"平衡关系，在良好"源-库"平衡关系的前提下，实现优质、丰产、稳产、高收益的目的。具体而言，可以根据以下 5 种方法确定：

(1) 干周法 据罗新书等（1981）的研究，乔砧金帅苹果的合理负荷量公式为：单株留果量$=(3-4)\times 0.08c^2a$（c 为干周长度，单位为 cm；a 为保险系数，疏花时取 1.3，疏果定果时取 1.1）。具体参考表 6-2。

表 6-2 苹果树不同干周适宜的留花量和留果量

干周（cm）	留花量（个）	留果量（个）
10	29	25
15	65	57
20	115	101
25	180	158
30	259	227
35	353	309
40	461	403
45	583	510
50	720	630
…	…	…

（2）叶果比法 根据每株果树上叶片总数与果实个数之比确定留果量。一般乔砧、大果形品种如富士、红星等叶果比为（40～60）∶1，中小果形品种可适当减少；矮化砧、短枝形品种叶片的光合能力强，大果形品种的叶果比也应为（25～40）∶1。

（3）梢果比法 根据当年新梢量与果实个数之比确定留果量。大果型品种为3∶1，弱树为（4～5）∶1，小型果品种为（2～3）∶1。此外，根据梢果比确定留果量时，应综合考虑立地条件和管理水平，做到灵活运用。

（4）间距法 根据果实与果实之间的空间距离确定留果量。一般情况下，珊夏、嘎拉、美国8号等中小型果品种，按15～20 cm的间距选留1个果；红富士、乔纳金、红将军等大型果品种，按20～25 cm的间距选留一个果。另外，还应根据树势进行调整，如弱树可以适当加大留果间距，壮树可以适当减小留果间距。

（5）目标产量法 根据土壤肥力和果园管理水平，确定每亩目标产量 T（kg）和果个大小 W（g），计算出每亩预期果个数；根据栽植密度 D（株/亩），计算出单株预期果个数 N（个）。计算公式：$N=1\,000T/(W\times D)$。

苹果的经验保险系数（K）为1.5，因此最佳留果量（Q）是预期果个数的1.5倍，即 $Q=1.5N$。

根据不同负载量、品种及栽培密度的合理留果量请参考表6-3。

表6-3 不同负载量和品种及栽培密度的合理留果指标参考表

负载量（kg/亩）	品种	留果量（个/亩）	不同株行距单株留果数（个）				
			3 m×4 m	3 m×5 m	4 m×5 m	4 m×6 m	5 m×6 m
1 250～1 500	红富士等大型果	15 000～18 000	270～330	340～410	450～550	540～640	680～820
	嘎拉等中型果	20 000～24 000	360～440	460～550	610～730	710～860	910～1 090
1 500～2 000	红富士等大型果	18 000～24 000	330～440	410～550	550～730	640～860	820～1 090
	嘎拉等中型果	24 000～32 000	440～580	550～730	730～970	860～1 070	1 090～1 450

（续）

负载量（kg/亩）	品种	留果量（个/亩）	不同株行距单株留果数（个）				
			3 m×4 m	3 m×5 m	4 m×5 m	4 m×6 m	5 m×6 m
2 000～2 500	红富士等大型果	24 000～30 000	440～550	550～680	730～910	860～1 070	1 090～1 360
	嘎拉等中型果	32 000～40 000	580～730	730～910	970～1 210	1 070～1 430	1 450～1 820

2. 疏花疏果

(1) 人工疏花疏果 不同时期疏花疏果对苹果坐果率和果实品质有显著影响，人工疏花疏果时间以从花序分离至铃铛花期进行一次性疏花效果最好，花序坐果率、平均单果重、果皮着色指数、果面光洁度指数、果实去皮硬度、可溶性固形物和可溶性糖含量分别比传统方法提高 16.80%、20.96%、14.44%、13.58%、4.55%、6.39%和 13.87%。但是为防止花期遭遇低温晚霜危害，通常情况下需进行两次疏果，时间从谢花后 10 d 开始，至谢花后 1 个月内完成。第一次疏果要根据适宜负载量和果实分布均匀的要求细致进行，第二次主要是套袋前调整定果。具体疏果时要根据品种的坐果量，有先有后地进行。一般来说，开花早、坐果多的品种，宜早疏、早定；开花晚、易落果和坐果少的品种或植株，可晚疏、晚定。

疏花疏果要从树冠上部往下进行，以免碰伤选留的果。顺序是先上后下、先内后外、先顶部后腋花芽。疏除过程中用疏果剪剪掉花蕾、幼果即可，保留部分果柄，让其自行脱落，切忌直接拽下，以免在幼嫩果台上留下伤口，引起留下的花果脱落。

注意事项：

① 要避免重疏果、轻花前复剪和疏花。发芽后，应及时进行花前复剪，剪去多余的花枝和枝条，适度回缩串花枝。

② 疏花时留花量应比原计划多 30%，疏果量应多 10%～20%，定果前再将多留部分疏去，以防止自然灾害造成的损失。

③ 以花定果的果园，由于疏花后留下的单花较整齐，花期相近，授粉时间只有 3 d 左右，故应及时进行人工授粉。

（2）化学疏花疏果 苹果的疏花疏果是确保果实高质稳产的有效措施，人工疏花疏果是最稳妥的办法，但费工费时，疏花疏果用工一般占到全年管理作业的 20%～25%，劳动力成本高，对于大规模集约化生产来说几乎不可能。所以在劳动力昂贵的发达国家，为了降低苹果的生产成本，化学疏花疏果是非常重要的技术手段。

从 20 世纪 30 年代在美国开始研究化学疏花疏果以来，世界各国一直持续进行相关研究。关于化学疏花疏果的机理有以下几种学说：阻碍花粉管生长说、阻碍养分运输说、刺激乙烯（C_2H_4）产生说、内源激素失衡说。一般认为萘乙酸（NAA）疏花是通过阻止花粉管正常生长，果实因受精不良而脱落；萘乙酸疏果是通过使树体内源激素代谢和运转紊乱而使幼果脱落。西维因疏果的机理主要是使果柄维管束堵塞，阻断幼果发育所需营养物质的供应，造成落果。乙烯利是通过自身分解生成乙烯，从而促进内源乙烯生成，促使果柄形成离层，导致果实脱落。二硝基化合物的疏花机理是通过烧伤柱头、花粉，阻止授粉受精，导致落花。钙化合物，如有机酸钙、氯化钙等疏花是通过杀伤柱头和落在柱头上的花粉以及进入花柱上部的花粉管，致使不能受精，从而导致落果。

疏花疏果的药剂很多，疏除效果比较稳定的药剂有以下几种：

① 西维因。西维因是一种杀虫剂，喷后先进入维管束，堵塞物质运输，使幼果营养物质供应中断，从而造成果实脱落。因为西维因在树体内移动性差，所以要直接喷到花、果实上。适宜浓度为 1.0～2.5 g/L。优点是喷施时期长，用药浓度范围广，对果实发育比较安全，在疏果的同时可兼防虫害；缺点是对富士系的品种疏除效果不稳定，且影响昆虫授粉。

② 石硫合剂。石硫合剂通过阻碍受精实现疏果的目的。在花期喷于柱头上，能抑制花粉萌发以及花粉管伸长，使花不能受精而脱落。一般在苹果中心花开放 2～3 d、边花正在开放时喷布效果最佳。此药剂药效稳定，安全性高，且所留花为先开的花，质量高，

果实发育好。但因喷布时间较为严格，而且对蜜蜂、壁蜂有伤害，需谨慎使用。适宜浓度为 150～200 倍。优点是喷施时期长，对果实发育比较安全，在疏果的同时可兼防虫害；缺点是疏花效应反应慢，且影响昆虫授粉。

③ 二硝基邻甲酚。二硝基邻甲酚是一种触杀剂，通过灼伤柱头、花粉等使花不能受精而脱落。但是，对已经受精坐住果的花没有疏除作用。一般进入盛花期后 3 d 可使用，但如果喷施当天湿度大或降雨，会有疏除过量的风险。

④ 萘乙酸。萘乙酸通过促进乙烯生成使幼果脱落。一般从盛花期到落花后 1～2 周都可使用，但随着喷施时间的延后效果变差。通常情况下没有疏除过量的风险，生产中以使用萘乙酸钠代替萘乙酸较多。适宜浓度为 5～20 mg/L。优点是疏除效应强；缺点是容易引起叶片偏上生长，果实出现畸形果。

⑤ 乙烯利。乙烯利通过释放乙烯而引起幼果脱落。以在花蕾膨大期喷施疏花效果较好，但喷施乙烯利后，果实可能会偏扁，而且乙烯利易挥发，应随配随用。适宜浓度为 300～500 mg/L。优点是疏除持续时间长，既能疏花又能疏果；缺点是受环境影响大，浓度高会造成疏除过量。

⑥ 蚁酸钙。蚁酸钙能够抑制花粉萌发，灼伤柱头，阻碍授粉受精。对开放但没有授粉受精的花有疏除作用，对未开放的花或已经坐住的幼果没有疏除作用。适宜浓度为 4～8 g/L。优点是疏花的同时可以补钙；缺点是对富士系的品种疏除效果不稳定。

⑦ 植物油。豆油、花生油、菜籽油、橄榄油等都有疏花效果，适宜浓度为 30～50 g/L（表 6－4）。

表 6－4 主栽品种常用的疏花疏果试剂及应用方法

品种	试剂名称	喷施方法
嘎拉	有机钙	于初盛花期和盛花后 2 d 连续 2 次喷施 5 g/L 的有机钙
岳帅	萘乙酸、Amidthin	于盛花期、盛花后 3 d 连续 2 次喷施 10 mg/L 的萘乙酸＋50 mg/L 的 Amidthin

（续）

品种	试剂名称	喷施方法
金冠	萘乙酸	于盛花期、盛花后 14 d 连续 2 次喷施 1.5 g/L 的西维因
寒富	有机钙、萘乙酸钠	于盛花期、盛花后 3 d、盛花后 20 d、盛花后 30 d 连续 4 次喷施 6.5 g/L 的有机钙+330 mg/L 的萘乙酸钠
烟富 3 号、2001 富士	有机钙、西维因	于初盛花期和盛花后 2 d 连续 2 次喷施 5 g/L 的有机钙疏花，于盛花后 10 d 中心果直径为 0.6～0.8 cm 时、20 d 中心果直径为 0.8～1.0 cm 时连续 2 次喷施 2.5 g/L 的西维因疏果
王林	有机钙	盛花后 2 d 喷施 5 g/L 的有机钙
威海金	有机钙	盛花期喷施 6.5 g/L 的有机钙

注意事项：

① 首次应用化学疏花疏果时，要进行小规模试验。

② 品种差异。不同品种对化学疏花疏果剂的敏感程度不同。嘎拉、金帅、王林、美国 8 号等品种的中心花与边花开放时期间隔较长，较低浓度的试剂容易疏除边花，因此试剂浓度可以适当调低；而富士系品种的中心花与边花开放时期间隔较短，因此试剂应用浓度要适当调高。同时注意掌握喷施时期。

③ 树势差异。树势较弱时，应适当降低喷施浓度；树势旺时，可适当调高喷施浓度。

④ 授粉条件。没有配置专用授粉树或授粉品种的果园，不宜采用化学疏花。

⑤ 药液配制。药液要随配随用，钙制剂不能与任何其他农药混喷，尤其是石硫合剂。

⑥ 化学疏花疏果以后，应根据坐果情况和预期产量，进行人工定果。

（3）机械疏花疏果 机械疏花疏果技术在欧美地区已开始商业化应用，主要机械有美国的长齿耙盘装置（spiked drum shaker）

和平行线弦疏花机（stiring thinner），法国的手持电动疏花机（electrolit）以及德国的直立线性疏花机（the darwin string thinner）。

3. 花前复剪

花前复剪是指从花芽开绽、显蕾期能够准确辨别花芽与叶芽时开始，到开花期结束进行的精细修剪。“疏果不如疏花，疏花不如疏芽”，很多果农朋友比较重视冬季修剪，而忽略了开花前进行的精细修剪。这不但加大了疏花疏果的人工成本，还造成了树体贮藏营养的浪费。

具体做法如下：按间距法确定留花芽密度。中小果型品种如珊夏、嘎拉、美国 8 号等，留花芽间距为 15～20 cm；大果型晚熟品种如红富士、乔纳金、红将军等，留花芽间距为 20～25 cm。按照“去劣保优、去弱留壮、去直留斜、稀疏得当”的原则进行。主要疏除感染病虫害的花枝、内膛的细弱和直立花枝、外围的过密和重叠花枝、腋花芽枝等。不同类型的结果树采取的复剪方法不同。

（1）大年树的复剪 保留健壮中、短果枝作为主要结果枝，重点疏除感染病虫害的花枝、内膛的细弱和直立花枝、外围的过密和重叠花枝、腋花芽枝，多中截长果枝；对多年生串花枝，应保留 2～3个饱满花芽进行回缩更新。对于生长势较强的大年树，应以轻剪、缓放为主，适当多留花芽枝用于结果；对生长势较弱的大年树，要适当多疏除感染病虫害的花枝、内膛的细弱和直立花枝、外围的过密和重叠花枝、腋花芽枝，多中截长果枝，对部分优势部位的中、短果枝实行“破芽剪”，以促发新枝。

（2）小年树的复剪 尽量多保留花芽枝用于结果，除重点疏除感染病虫害的花枝外，还应适当多保留带花芽的内膛较细弱和背上直立枝、外围过密和重叠枝用于结果；对比较健壮的串花枝留 4～6 个花芽，中庸花枝留 3～4 个花芽，弱花枝留 2～3 个花芽进行回缩；对腋花芽枝可保留 2～3 个左右花芽进行短截。对树冠内膛骨干枝背上粗壮、易冒条的大叶芽枝以及中、长营养枝和无花芽的果台副梢，多实行中、重短截；对没有花芽的结果枝组，多采取回缩复壮；对于冗长的单轴延伸枝组，有花芽的应回缩到花枝处，无花芽的应回缩至后边的强壮分枝处。

(3) 花量适中树的复剪　花量适中树的特点通常是树势中庸，花芽分布较为合理。除重点疏除病虫枝外，修剪原则是修剪量不宜过大，对内膛枝、密枝进行疏除，细弱枝重短截，预留花芽数量按照间距法或者目标产量法保留即可。

(4) 衰弱树的复剪　衰弱树的特点是树势弱、营养枝少、花芽多。除重点疏除感染病虫害的花枝外，修剪的原则是破除花芽、适量留花，将花枝转变为营养枝，尽最大努力做到以枝养树，尽快恢复树势，延长结果年限。

(5) 花前复剪应注意的问题

① 保证授粉质量，提高坐果率。花前复剪后，保留花芽的量较不进行复剪的量少，保证授粉受精质量是关键。花期采用壁蜂授粉或机械＋人工辅助授粉，盛花初期喷 0.2%～0.3%的硼砂溶液或盛花期至幼果期喷 2～3 次 0.2%～0.8%的钼酸钠，可以提高坐果率。

② 加强灾害防控。加强花期及幼果期的低温冻害和病虫害防控措施，可以保证充分坐果。

(三) 果实套袋技术

据调查，山东地区苹果的套袋比例在 95%以上，陕西地区苹果的套袋比例也达到了 90%以上，辽宁、河南、河北等地套袋比例较低，但也在 60%以上。果实套袋已经成为我国安全生产高档苹果果品的重要技术措施。

1. 果实套袋的作用

(1) 提高果面光洁度，促进果面着色　套袋后，果实所处的微域环境较为一致，果皮发育稳定、和缓，表皮层细胞排列紧密，加之套袋遮光还抑制了叶绿素、木质素合成，使果皮表面的底色变浅、果点变小，有利于果面着色。套袋后很大程度上减轻了风、雨、农药、灰尘、霉菌等外界不良条件的直接刺激和对果面的污染等，大大提高了果面光洁度。

(2) 减轻病虫危害，降低农药残留量 套袋对在果面及叶片上产卵的蛀果害虫如食心虫类、卷叶虫类、螨类、盲蝽类等都有较好的防治效果，对于果实病害如轮纹病、炭疽病、赤星病、黑星病等烂果病亦有较好的防治效果，全年打药次数可减少2～4次，从而降低了农药残留量，经测定发现套袋果实的农药残留量仅为0.045 mg/kg，而不套袋果实为0.240 mg/kg。

(3) 降低果实贮藏性 苹果的果皮结构与果实耐贮藏性密切相关，套袋会使果实表皮蜡质层破碎严重且厚度降低，果实表皮细胞变大且细胞壁厚度增加，表皮细胞的排列方式发生改变，机械组织细胞层数减少，表皮角质层厚度下降，在贮藏时失水加速，耐贮藏性降低。

(4) 降低了果实风味 套袋对果实内在品质有负面效应，会降低果实中可溶性固形物含量并影响果实的香气成分。如不同材质的果袋对苹果果实香气成分的影响不同，一般情况下，套塑膜袋对果实芳香物质含量的影响小于双层纸袋。以寒富苹果为例，果实套袋不利于重要香气成分己烯醛的生成，这可能是导致套袋果实香味稍逊于不套袋果实的一个重要原因。

果实套袋虽能防止或减少多种病虫危害、降低农药残留、防止空气污染、促进果实着色、提高果面光洁度、提高果实的商品价值，但也要重视套袋给果实带来的负面效应。总之，目前而言套袋技术是提高我国苹果在国际市场上竞争力的不可缺少的重要措施之一。

2. 果实套袋技术

(1) 套袋前的管理 套袋前的果园管理应着重加强整形修剪、疏花疏果、病虫防治等方面工作。采用农业措施，科学合理用药。为减少病源，应在冬季休眠期彻底清理果园。套袋之前打三遍药。第一遍在苹果谢花80%～90%时开始用药；第二遍用药在第一次用药 7～10 d 后，杀菌药剂可选用 43%的戊唑醇 4 000 倍液，杀虫剂可选用 1.8%的阿维菌素·酰胺类微乳剂 1 200 倍液，杀螨剂可选用 5%的唑螨酯悬浮剂 2 000～2 500 倍液喷雾；第三遍用药在第二次用药 7～10 d 后，用 70%的甲基硫菌灵可湿性粉剂 800 倍液+80%的代森锰锌可湿性粉剂 800 倍液防治病害，杀虫剂可选用 2.5%的溴氰菊酯乳油 3 000 倍液。

(2) 果袋种类的选择 所用果袋种类有塑料袋、无纺布袋和纸袋。选择果袋类型时，应依品种、立地条件不同而有差异。以富士和嘎拉为例对常见的果袋类型和不同类型的纸袋对果实的品质影响进行总结，如表 6-5、表 6-6 和表 6-7 所示。

表 6-5 不同类型果袋对苹果外观品质的影响

品种	果袋类型	果面	平均单果重（g）	果形指数	花色苷含量（mg/g）
嘎拉	塑料袋	洁净，着色比较好，条红色	242.24b	0.83b	0.185b
	无纺布袋	较洁净，着色比较好，条红色	261.59a	0.81b	0.181b
	纸袋	洁净，鲜亮，着色最好，片红色	220.33c	0.88a	0.217a
	不套袋	表面相对粗糙，着色较差，片红色	229.49c	0.81b	0.161c
富士	塑料袋	洁净，着色比较好，浅红色	319.67b	0.85b	0.356c
	无纺布袋	较洁净，着色比较好，深红色	333.67a	0.83c	0.483a
	纸袋	洁净，鲜亮，着色最好，鲜红色	311.67c	0.89a	0.446b
	不套袋	表面相对粗糙，着色较差，浅红色	317.67b	0.82c	0.343 d

注：表中小写字母表示不同时期间差异显著（$P<0.05$），下同。

表 6-6 不同类型果袋对苹果内在品质的影响

品种	果袋类型	可溶性糖含量（%）	可滴定酸含量（%）	可溶性固形物含量(%)	果实硬度（kg/cm^2）	维生素 C 含量（mg/kg）
嘎拉	塑料袋	8.54 d	0.389ab	10.60 d	6.12 d	62.3b
	无纺布袋	9.39c	0.379b	11.30c	6.73c	60.8c
	纸袋	10.55b	0.328c	12.50b	7.38b	53.4 d
	不套袋	11.17a	0.403a	13.30a	8.59a	64.7a

（续）

品种	果袋类型	可溶性糖含量（%）	可滴定酸含量（%）	可溶性固形物含量(%)	果实硬度（kg/cm²）	维生素 C 含量（mg/kg）
富士	塑料袋	12.19b	0.288b	15.47b	7.37c	87.0b
	无纺布袋	11.99c	0.257c	15.07c	7.13b	68.7c
	纸袋	12.41a	0.237c	15.70b	8.01b	65.5 d
	不套袋	12.50a	0.328a	16.37a	8.49a	94.6a

表 6-7　不同品牌纸袋对果实品质的影响

果袋品牌	破损率（%）	果锈（p/cm²）	病果率（%）	虫果率（%）	单果重（g）	可溶性固形物含量（%）	果实去皮硬度（kg/cm²）	着色面积（%）	果点大小
小林	0	0	1.0	0	251.3	14.5	12.4	90.4	小
盈动	0.2	0	3.0	3.2	254.8	14.6	12.0	84.5	小
清和	0.6	3.2	5.2	3.0	246.3	13.9	12.1	86.2	小
爱民	12.0	8.8	12.7	3.4	198.6	13.6	11.8	80.5	较小
富民	10.6	6.2	9.1	16.7	204.6	10.7	11.5	74.6	大
凯祥	2.4	15.6	9.5	2.0	242.3	15.5	12.1	75.3	大
星野	6.3	4.4	8.6	16.5	208.3	11.6	11.2	72.8	大
佳田	18.2	6.8	11.5	3.3	224	12.9	11.0	78.0	较小

此外还应注意，在不同的气候环境条件下，使用的袋类也有差异。在海拔高、温差大的地区，较难上色的品种采用单层袋效果也不错；高温多雨果区宜选用通气性较好的纸袋；高温少雨果区不宜使用涂蜡袋。

（3）套袋时期与方法

① 套袋时期。苹果的套袋时期应在生理落果后，结合疏果进行，对中晚熟红色品种如红富士、新乔纳金、新红星等，于 6 月初进行。

② 套袋操作方法。选定幼果后，手托纸袋，撑开袋口，使袋底两角的通风放水孔张开，袋体膨起；手执袋口下 3 cm 左右处，

套上果实，然后从袋口两侧依次折叠袋口于切口处，用捆扎丝于折叠处扎紧袋口，使幼果处于袋体中央处，不要将捆扎丝缠在果柄上。注意套袋时用力方向始终向上，以免拉掉幼果；袋口要扎紧，以免纸袋被风吹掉。表 6－8 为山东蒙阴地区不同套袋时间对红富士果实品质的影响，其他地区其他品种可参考。

表 6－8　不同套袋时间对红富士果实品质的影响

套袋时间	着色指数（%）	光洁度指数（%）	单果重（g）	果形指数	硬度（kg/cm²）	可溶性固形物含量（%）
5 月 5 日	96.67ab	96.67a	293.7b	0.841c	8.03b	13.6 de
5 月 15 日	96.67ab	90.00b	291.6bc	0.798e	8.28a	13.7 d
5 月 25 日	95.00b	88.33bc	268.0ef	0.837cd	7.97c	14.8b
6 月 2 日	100.00a	85.00c	308.1a	0.868a	7.75e	14.7bc
6 月 12 日	90.00c	77.50 d	282.0 d	0.853b	7.73e	14.7bc
不套袋	81.67 d	66.67e	270.7e	0.854b	7.88 d	15.0a

（4）摘袋时期与方法　新红星、新乔纳金等易着色品种，在海洋性气候、内陆果区，应于采收前 15～20 d 摘袋；在冷凉或温差大的地区，应于采收前 10～15 d 摘袋比较适宜；在套袋防止果色过浓的地区，可在采收前 7～10 d 摘袋。红富士、红将军、乔纳金等较难上色品种，在海洋性气候、内陆果区，应于采收前 30 d 左右摘袋；在冷凉地区或温差大的地区，于采前 20～25 d 摘袋为宜。黄绿色品种，应在采收时连同纸袋一起摘下，或于采收前 5～7 d 摘袋。双层袋摘袋时应先去掉外层袋，5～7 d 后再摘除内层袋，摘内袋时应选在晴天的 10～14 时进行，而不宜选在早晨或傍晚。若遇连阴雨天气，摘除内层袋的时间应推迟，避免摘袋后果皮表面再形成叶绿素。摘除单层袋时，应首先打开袋底放风或将纸袋撕成长条，几天后再全部去除。

（5）摘袋后的管理　摘袋后应采取一系列促进着色的措施，如秋剪、摘叶、转果、垫果和铺设反光膜等。秋剪的主要目的是清除树冠内徒长枝及骨干枝背上直立旺梢，打开光路，增加光照。摘叶主要是为了摘除影响果实受光的叶片。转果是为了使果实的阴面也能获得阳光的直射而使果面全面着色；转果的时期是除袋后 1 周左右转果 1 次，共转 2～3 次。垫果是将果实用泡沫垫和附近枝条隔离。内袋摘除后 1 周左右即采收前 20 d 在树盘下方铺完反光膜并压实，防止被风卷起和刮破。

（四）花期防霜技术

苹果花期霜冻灾害是指在苹果萌芽至幼果期间，由于受寒流或辐射冷却的影响，使土壤、植物表面以及近地面温度短时间内骤降至 0 ℃或 0 ℃以下，造成苹果树体或某些组织、器官（花、芽、幼果、枝条、皮层、树干等）遭受冻害的现象。

近年来我国年际间的气温变化幅度增大，果树物候期随着春季气温回升的加快而提前。冬季气温升高，春季气温回暖加快，春季遭受晚霜冻害的风险增大，春季的晚霜冻害经常与苹果花期相遇，所以对果树生产的危害较重，常常会造成苹果生产大幅度减产甚至绝产，是我国苹果产业危害最严重的自然灾害之一。

1. 霜冻的发生规律和特点

霜和霜冻的概念不同，霜是指由于夜间的辐射冷却，使地面的温度降到 0 ℃以下，空气中的水汽达到过饱和，直接在地面和植物表面凝结形成的白色冰晶。在发生霜冻时，有白色冰晶的霜冻被称为白霜冻，反之，将没有白色水汽凝结物的低温冻害称为黑霜冻，往往黑霜冻比白霜冻的危害更大。

按照霜冻形成的气象要素，可以将霜冻分为三类，分别为辐射霜冻、平流霜冻、混合霜冻。①辐射霜冻是指在晴朗无风的夜晚，地面向外的热辐射致使地面气温降到 0 ℃以下而发生的霜冻。辐射霜冻具有局部性，小气候差异显著，其强弱受地形、地势和土壤性质的影响较大，其持续时间较短，强度较弱，对农作物的危害较轻，地势较低的洼地容易出现辐射霜冻。②平流霜冻是由冷空气造成的大幅降温而引起的低温灾害。平流霜冻一天中的任何时间都可出现，影响范围较大，而且持续时间较长，危害面积较广，小气候对其影响不显著，常见的防霜措施效果均不理想，平流霜冻一般影响地形突出的山顶和迎风坡。③由冷空气的入侵和夜间辐射冷却共同作用下形成的霜冻称为混合霜冻或平流辐射霜冻。冷空气过境往往引起大风降温天气，此时夜间如果晴朗无风，地面会作为热源不断向外辐射散热，致使近地面温度急剧下降，造成作物霜冻，混合霜冻对农作物的危害最为严重。

2. 霜冻对苹果造成的危害

花期霜冻对果树开花及坐果的危害极大。果树解除休眠、进入生长发育期时各器官抵御寒害的能力降低，特别是当异常升温3～5 d后突然遇到强寒流袭击，更易受害。果树花器官抗寒力较差，花期发生霜冻时，随着冻害的加重，从柱头顶端开始依次向下逐渐发生。轻者表现为花瓣组织结冰变硬，回暖后花瓣变成灰褐色，逐渐干枯、脱落。受冻稍重者花丝、花药和柱头变成褐色和黑色，最后干缩。重者子房受冻，变成淡褐色，横切面的中央、心室和胚珠变成黑色，严重者整个子房皱缩，花梗基部产生离层而脱落。幼果期遇霜冻后轻者果面留下冻痕，虽然果实能膨大，但往往变成畸形小果；重者幼果停止膨大，变成僵果；更甚者果柄冻伤而落果。

3. 防御霜冻灾害的基本措施

防御霜冻灾害的途径大致有三个：

(1) 推迟果树物候期，避开霜冻

① 灌水。灌水可以增加近地面层的空气湿度，由于水的比热容较高，会使白天的增温幅度和夜间的降温幅度变得缓和。此外，灌水后土壤导热率提高，降温时土壤深层的热量可以迅速上传。早春果树萌动前灌水可以降低地温、延迟根系发育、延缓树体萌芽，萌芽后至开花前再灌水2～3次，可推迟花期2～3 d。唐慧锋等(2004)对果园进行行内畦灌和树冠喷水，使3个苹果品种的初花

期较对照推迟了 3 d，表明早春即在花前供水能推迟苹果的花期，使苹果花朵免受霜冻。对树冠喷洒 250～500 mg/L 的萘乙酸钾盐溶液，可抑制萌动。萌动初期喷 0.5%的氯化钙，或在花芽膨大期喷洒 200～500 mg/L 的顺丁烯二酸酰肼，均可延迟花期 4～6 d，减轻花芽冻害。

② 涂白。树体涂白可以减少树干白天对太阳能的吸收，降低树干韧皮部对营养物质的运输速率，从而推迟果树萌芽；还能杀死隐藏在树干中的病菌、虫卵和成虫。涂白液的配方是生石灰 5 kg、硫黄粉 1～5 kg、食盐 2～3 kg、植物油 1～1.5 kg、面粉 2～3 kg、水 15 kg。配制时先将石灰、食盐分别用热水化开，搅拌成糊，然后再加入硫黄粉、植物油和面粉，最后加入水搅匀。于越冬前将主干及大侧枝涂刷一遍，具有较好的防冻作用。

③ 覆盖。早春果园覆盖秸秆或杂草也能有效地降低地温，使树盘土壤升温缓慢，再结合早春灌水，可有效推迟果树萌芽。

（2）调节果园小气候，提高温度来抵御霜冻危害

① 熏烟。熏烟法对于辐射霜冻有较好的预防效果，而对平流霜冻和混合霜冻防御效果较差。一般在晴朗无风的夜晚，当最低气温降至临界温度前 1～2 ℃时，燃放烟幕，直至清晨日出后 1～2 h 结束。烟幕能吸收地面长波辐射，减少地面辐射散热，减慢了地面降温速度；烟堆的燃烧还可以释放部分热量，提高近地层的空气温度，可增温 1～3 ℃；此外烟雾中的亲水性微粒还可以作为凝结核吸附大气中的水分，水汽聚集凝结会放出大量潜热，从而缓和了空气的降温幅度。熏烟堆必须放置在上风向，可采用硝酸铵、锯末、柴油混合制成的烟雾剂代替烟堆熏烟，使用方便，烟量大，防霜效果好。

② 喷水。在霜冻来临之前，向果树树冠喷水，可以增加冠层空气湿度，由于水汽的比热容较大，因此当果树冠层外气温骤降时，树冠内温度却可以缓慢变化，夜间的降温幅度变小，随着气温的继续降低，水会在花蕾上结冰，由于冰内温度要高于外界温度，故可以保护花蕾免遭进一步的冻害；此外水结冰时还会释放潜热

（0 ℃时每克水变成冰能释放 334.94 J 的热量），对树冠夜间温度还有一定的提升作用。

③ 机械气流扰动防霜法（送风法）。在果园上方 6～10 m 处安装大型鼓风装置，将果园上部暖空气和下部冷空气搅动混合，以提高果园周围空气温度，达到防霜的目的。该方法对辐射霜冻防御效果好，能防止最低温度达到－8～－6 ℃的霜冻，已在美国、日本被广泛应用。

④ 微波发射防霜技术。在果园四周树冠上部安装低放射微波发射器，该发射器会发射电磁波，使果树芽内水分子振动，提高叶面温度。该技术对各种类型的霜冻都有防御效果。

（3）提高果树抗性，增强抵御霜冻的能力

① 消除冰核细菌，提高果树抗寒力。1974 年 Maki 首次从赤杨的树叶中发现冰核细菌（INA），便开始了对冰核细菌的研究。冰核细菌能够在较高的温度下引发植物体内形成冰晶，冰晶的扩增会对细胞膜造成机械损伤，引起膜破损而使细胞死亡。日本的Kokichi Takahashi 研制出的辛基苯偶酰二甲基铵，可有效地降低冰核细菌的冰核活性，已应用于茶树防霜；我国学者孙福通过人工霜冻试验筛选出来的防霜剂 1 号和 2 号也有不错的效果。

② 喷施外源抗寒物质，提高果树抗寒力。在霜冻来临之前，喷施一些具有抗寒效果的外源物质，均可以提高果树在低温下的抗性。目前研究较多的具有抗寒性的植物激素类物质主要有脱落酸（ABA）、多效唑（PP_{333}）、油菜素内酯（BR）、烯效唑、6－苄基腺嘌呤（6－BA）等；非激素有机类物质主要有水杨酸（SA）、黄腐酸（FA）、甜菜碱（BT）、壳聚糖（CTS）、茉莉酸（JA）等；非激素无机类物质主要有氯化钙（$CaCl_2$）、氯化钾（KCl）、锌（Zn）、铜（Cu）、锰（Mn）等。

③ 喷营养液或化学药剂防霜。从 2 月中下旬至 3 月中下旬，每隔 20 d 左右喷一次羧甲基纤维素 100～150 倍液或聚乙烯醇 3 000～4 000倍液，可减少树体水分蒸发，增强抗寒力；或者在冻害发生

前 1～2 d，喷果树防冻液和 PBO 液（均为50～100 倍液）、芸薹素 481 或者天达 2 116，防冻效果极佳。也可喷施自制防冻液，配方为琼脂 8 份、甘油 3 份、葡萄糖 43 份、蔗糖 45 份、其他营养素（包括肥料、植物激素等）2 份、清水5 000～10 000份，先将琼脂用少量水浸泡 2 h，然后加热溶解，再将其余成分加入，混合均匀后即可使用。

4. 灾后应急工作

① 霜冻过后，应迅速组织人员对产区内果园的树体健康状况进行全面检查，针对实际受灾情况提出具体应对方案。

② 全面评估霜冻对果树的组织、器官各方面所产生的影响和灾害程度，并实施积极的应对措施，尽可能将灾害损失降至最小。

③ 加强病虫害防治。果树遭受晚霜冻害后，树体衰弱，抵抗力差，容易发生病虫害。因此，要注意加强病虫害综合防治，尽量减少因病虫害造成的产量和经济损失。

七、苹果园主要病虫害的防治技术

我国植物病虫害防治有着悠久的历史，在新中国成立初期所制定的全国农业发展纲要中提出了“预防为主、防治并举、全面防治、重点肃清”的病虫害防治方针；1975 年农业部根据农业生产发展情况和病虫害防治过程中存在滥用农药造成的环境污染、病虫害抗性变强和再生猖獗等问题，提出了“预防为主，综合防治”的植保工作方针；随着社会发展，人们对食品安全越来越重视，生产的果品要绿色无公害，2017 年，农业部在《“十三五”农业科技发展规划》中提出降低化肥、农药的使用，对果树植保提出了新的要求。综合防治就是从生态系统的整体观念出发，以预防为主，本着安全、经济、简便、有效的原则，因地制宜地采用农业、化学、生物和物理机械等防治方法，充分发挥各种方法的优点，使其相互补充、彼此协调，构成一个有机的防治体系，把病虫害的危害控制在经济允许的损失水平以下，达到高产、优质、低成本、少公害或无公害的目的。所以苹果病虫害防治必须按照病虫害的发生规律和特点，以农业和物理防治为基础，重视生物防治，科学使用化学防治手段，达到既有效控制病虫危害，又确保果品质量安全的目的。

（一）病虫害综合防治的措施

1. 农业防治

在果树的栽培过程中，有目的地创造有利于果树生长发育的环境条件，使果树生长健壮，提高果树抗病能力，同时创造不利于病原活动、繁殖和侵染的环境条件，减轻病虫害的发生程度。田间管理内容主要为肥水管理、果树修剪、刮皮清园、疏花疏果和合理负载、选育抗病虫害品种和砧木等。科学的肥水管理可以保证果树的正常生长，增强树势，提高树体对病虫害的抵抗能力。果树修剪可以常年进行，通过除去不必要枝条，改善通风透光条件，增强树体的抗逆能力；同时可以除去病弱枝，有效控制病虫害滋生环境，降低病虫害发生率。落叶后，彻底清除病残枝、落叶、病（僵）果，集中深埋或焚烧，消灭其中的虫源和病源，减少病虫原的越冬基数；树干绑草把或诱集带，可以诱集越冬害虫，在早春害虫出蛰前，将其解下销毁；冬季封冻前和早春时将树干涂白，减轻日灼、冻害兼防治天牛和木蠹蛾，春季土壤解冻后，在树盘周围覆盖薄膜，可以阻隔红蜘蛛和桃小食心虫等越冬害虫出土。通过疏花疏果使果树合理负载，能平衡树体营养生长和生殖生长，克服树体大小年结果，维持树体中庸健壮的树势，提高树体抵抗病虫害能力。

2. 物理防治

利用简单的工具或利用物理原理防治病虫害。杀虫灯防治病虫害是利用昆虫的趋光性，将病虫集中到一起并杀死病虫的一种方法。杀虫灯通过放出一种引诱害虫的光波，害虫被这种光波所吸引而朝着杀虫灯的位置集中，然后通过物理方法将其杀死，进而减少林间虫口基数，达到预防病虫害的目的。每 2.0～3.3 hm^2 果园安装 1 盏频振式杀虫灯，能诱杀桃小食心虫、金纹细蛾、苹小卷叶蛾和金龟子等多种害虫。使用诱蝇器能诱杀果蝇，使用捕虫黄板能防治蝇类、蚜虫和粉虱类害虫等。糖醋溶液诱杀是利用害虫对甜味、酸味的趋向性诱杀害虫，可以在果园内悬挂糖醋液罐诱杀金龟子。清晨和傍晚振动树体捕杀害虫，是一种经济有效的害虫诱杀方法，也可以在苹果园内大面积推广使用。田间悬挂性诱剂，利用性激素诱捕异性昆虫，阻止昆虫交配产卵，能减少有害昆虫的数量。

3. 生物防治

利用有益生物防治病虫害。每种害虫都有天敌，如瓢虫是蚜虫的天敌，赤眼蜂是苹果卷叶虫的天敌等，在病虫害高发期，可以通过引进害虫天敌的方法消灭害虫，进而达到避免发生病虫害的目的，采用该方法时可在害虫天敌繁衍和生长期减少化学药物的使用，防止对天敌产生危害。通过果园种草改善果园生态环境，招引、保护、繁殖及利用小花蝽、瓢虫、草青蛉、捕食性蓟马等害虫天敌，达到以虫治虫的目的，保持生态平衡；人工释放赤眼蜂、瓢虫、草蛉等害虫天敌，可以防治害螨类、蚜虫类、梨小食心虫等害虫。利用性诱剂扰乱昆虫的交配信息，阻碍繁衍，降低害虫的虫口密度。在果园周围种植忌避或共生植物，可达到驱赶害虫的目的。应用生物源和矿物源农药防治害虫，常用的主要有植物源杀虫剂苦参碱、印楝素、烟碱等，昆虫生长调节剂灭幼脲、杀铃脲、噻嗪酮等，农用抗生素类杀虫剂阿维菌素、浏阳霉素、多杀霉素、华光霉素等，农用抗生素类杀菌剂多抗霉素、中生菌素、抗霉菌素 120、嘧菌酯、硫酸链霉素等，矿物源农药敌死虫乳油、机油乳油、波尔多液、石硫合剂、硫悬浮剂等。

4. 化学防治

合理使用杀菌、杀虫剂杀死和抑制病虫害的病原，保护树体免受病虫危害。在选用药剂时应选用低毒、低残留、对果品安全的药剂。

（二）主要病害防治技术

苹果的病害可分为枝干病害、叶部病害、果实病害、根系病害及生理性病害。枝干病害包括苹果腐烂病、轮纹病、干腐病等；叶部病害包括褐斑病、白粉病、斑点落叶病、锈病、炭疽叶枯病等；果实病害包括炭疽病、轮纹病及套袋果实斑病、霉心病等；根系病害包括根朽病、白绢病、白纹羽病、紫纹羽病等；生理性病害包括苦痘病、粗皮病、缩果病、小叶病、黄叶病等。

1. 苹果枝干病害

(1) 苹果腐烂病　苹果腐烂病是由苹果黑腐皮壳菌（*Valsa mali*）引起的枝干病害，该病菌是一种弱寄生菌，树势弱的树发病严重。能造成死枝、死树，甚至毁园。

① 病菌的侵染途径。主要从剪锯口侵染，从木质部扩展到达皮层引起发病；病菌也能在枝干表层的死组织内腐生并长期存活；隐芽、杈丫等部位都腐生有腐烂病病菌；当枝干因受冻、受伤，栓皮层遭到破坏时，病菌随机进入皮层，导致发病；苹果腐烂病病菌能在木质部内生长并长期存活，可诱发旧病斑复发。

② 侵染时期。生长期都可侵染，高峰期在 3～5 月，冬季也能侵染。

③ 发病高峰期。苹果腐烂病一般一年有两次高峰，即春季发病大高峰和秋季发病小高峰。春季发病大高峰一般出现在 3～4 月；秋季小高峰一般出现在 7～9 月。

(2) 苹果轮纹病、干腐病　目前认为苹果轮纹病和干腐病是由葡萄座腔菌（*Botryosphaeria dothidea*）引起的真菌性病害，在不同的环境条件下表现出不同的症状。在湿润的气候条件下表现为苹果轮纹病，在水分胁迫条件下表现为苹果干腐病。苹果轮纹病病菌既危害枝干，也危害果实；苹果干腐病主要危害衰老的弱树和定植后管理不善的幼树。干旱年份发病重。

① 病菌的侵染途径。皮孔、气孔、剪锯口、伤口是轮纹病病菌侵染的主要途径。着落于皮孔或气孔周围的病菌孢子，萌发后先在枝干表层或皮孔的死组织内生长，形成菌丝或菌落，然后自皮孔木栓层缝隙、薄弱部位或气孔侵入皮层活体组织。

② 侵染时期。病菌的侵染时期为从 5 月下旬至 9 月上旬，侵染高峰期集中在 6 月上旬至 8 月中旬，此间每遇降雨，必有病菌侵染果实。

③ 病菌的扩展与致病。枝条失水、受伤或生长势衰弱都能降低苹果枝条对轮纹病病菌的抗性，导致潜伏的和病瘤内的病菌迅速

生长扩展，诱发干腐病病斑或马鞍状病斑。

(3) 枝干病害的综合防治措施

① 清除菌源。结合冬春的修剪与清园，刨除死树、病树和弱树；锯除死枝、病枝和弱枝；剪除腐烂病枝、干腐病枝和带病枝条；刮除枝干上的死皮、翘皮、粗皮、腐烂病斑等，清除带病菌的枝干和组织。春季清园后，于3月中下旬全园喷布一遍新熬制的自制石硫合剂，或者100倍的波尔多液，或者成品石硫合剂。当上一年度雨水多、病害严重时，可喷施100倍的波尔多液；当上一年度干旱、虫害严重时，可喷施自制石硫合剂；石硫合剂与100倍的波尔多液也可隔年交替使用。5～8月是苹果的生长季节，应每月巡查果园一次，若发现腐烂病斑和大的干腐病斑，应自病斑以下5～10 cm处彻底剪除整个枝干或树体；当锯除病枝对树体或产量影响较大时，应彻底清除感病组织，再涂布病斑治疗剂；对较小的干腐病斑，可直接涂布病斑治疗剂。修剪下来的枝条要及时销毁；不能及时销毁时，应搬离果园1 km以外，防止枝条失水形成干腐病斑，在果园内产生大量分生孢子。

② 保护树体。当无法彻底清除侵染菌源时，应及时保护枝干、剪锯口、伤口和果实，防止或减少病菌的侵染量成为防治枝干病害的主要技术措施。树体修剪当天或24 h内，用剪锯口保护剂涂布剪锯口。轮纹病和干腐病发病较严重的果园，刻芽、环剥、抹芽等管理措施使树体形成伤口后，应立即涂布伤口保护剂。对二至四年生幼树，于3月中下旬修剪并清园后，或6月雨季前，应用涂干剂涂布整个树干，或至少用病斑治疗剂涂布患病部位。果树生长季节每次喷药都要将药液喷布到枝干上，或至少保证5月、6月、7月、8月这4个月每月都有一次杀菌剂喷布到枝干上，使枝干所有部位都均匀着药。

③ 科学管理，健壮树势。这是防治枝干病害的基础措施。通过水肥管理、花果管理等措施，保持健旺树势，有效抑制潜伏病菌的生长、扩展、致病和产孢，降低带菌树体发病率，尽量防止病菌的再侵染。

④ 病害治疗。树体发病后，采用刮治病斑、病瘤及涂药等措施治疗病斑。苹果树发生腐烂病后，建议自病斑以下 5～10 cm 处彻底剪除病枝；当剪除枝干对树体或产量影响较大时，需及时刮除腐烂病斑，并涂病斑治疗剂。轮纹病病瘤较少时，应于 3 月或 6 月中旬雨季前，轻轻刮除或用钝器荡除病瘤后，用病斑治疗剂涂布病处。

2. 苹果叶部病害

(1) 苹果褐斑病 该病主要危害苹果叶片，是造成苹果早期落叶的主要病害。苹果褐斑病的病原分为有性态和无性态两种，有性态的是苹果双壳菌（*Diplocarpon mali* Harada & Sawamura），属于子囊菌亚门，无性态为苹果盘二孢（*Marssonina coronaria* Davis），属半知菌类。苹果褐斑病症状分为针芒状、同心轮纹状、混合型、绿缘褐斑型。多雨年份危害严重的果园能造成落叶，影响当年果品质量和次年花芽质量。

苹果褐斑病病菌以菌丝、菌索和分生孢子盘的形态在落叶上越冬，靠雨水进生孢子传播侵染，雨水是病害流行的主要条件，降雨早而多的年份发病严重。4 月至 6 月上中旬是病原菌的初侵染期，6 月下旬至 7 月中旬是病原菌的累积期，7 月下旬至 8 月底是病害的流行盛期，9 至 11 月是苹果褐斑病的持续发病期，10 至 11 月形成的病叶才能越冬。树势强发病轻，树势弱发病重；苹果品种间抗病性有差异，粉红女士、青香蕉、印度等品种感病，富士品种抗病。

(2) 苹果炭疽叶枯病 苹果炭疽叶枯病是由炭疽病菌（*Glomerella cingulata*）引起的病害，主要侵染叶片和果实，导致叶片大面积坏死干枯，引起果树早期落叶；果实表面出现大量红色坏死斑点。

苹果炭疽叶枯病病菌以菌丝体形态在落叶上越冬，也可以在被害枝条上越冬，5 月降雨后开始产生孢子，通过风雨传播。6 至 7 月高温多雨季节是炭疽叶枯病大量发生的季节。树势强发病轻，树势弱发病重，树冠内膛重外围轻。高温、高湿和感病品种是此病发生和流行的必要条件。高温高湿条件下，发病速度快，短时间内造成果树大量落叶，落叶严重的果园当年形成二次花，次年绝产。主要侵染嘎拉、乔纳金、金帅等品种，富士抗病。

（3）苹果锈病 苹果锈病（*Gymnosporangium yamadai* Miyabe）的病原属担子菌亚门，是一种转主寄生菌，需在两种不同寄主上完成生活史，在苹果树上形成性孢子和锈孢子，在桧柏上形成冬孢子。苹果锈病主要危害叶片，发病初期叶片正面产生黄绿色斑点，渐次扩大形成圆形橙黄色的病斑，也能危害果实和枝条。

苹果锈病病菌以多年生菌丝体形态在桧柏病部组织中越冬，翌年春天形成褐色的冬孢子角，冬孢子柄被有胶质，遇降雨或空气极潮湿时膨大，冬孢子萌发产生大量的担孢子，随风飘散传播到苹果树的叶片、幼果和新梢上，在适宜的温度、湿度条件下，冬孢子萌发产生侵染丝，经皮孔或表皮细胞侵入。若果园周围有柏树等转主寄主、苹果花期和幼果期降雨多且温度适宜（15～25 ℃），则有利于苹果锈病发生。

（4）叶部病害的综合防治措施

① 加强栽培管理。增施有机肥配合复合肥及微量元素肥料，保持根系生长良好，疏花疏果合理负载，增强树势，提高抗病力；合理修剪，使果园保持通风透光，合理灌排，降低果园湿度，创造不利于病菌生长的环境条件。

② 清除菌源。萌芽前彻底清除果园内和果园周边的落叶，并销毁或深埋，减少病菌基数。铲除苹果园附近的桧柏树。如不能铲除，应于冬季剪除桧柏上的菌瘿，集中烧毁。3 月上中旬在桧柏上喷 3 波美度的石硫合剂，抑制锈病冬孢子萌发产生冬孢子。

③ 药剂保护。6 月中旬雨季前和 7 月中旬降雨前，各喷一次黏附性强、耐雨水冲刷、持效期长的保护剂；保护剂以波尔多液为主。

④ 药剂治疗。抓住苹果花前和花后两个关键时期防治苹果锈病，药剂选择戊唑醇、苯醚甲环唑。苹果褐斑病应在 5 月份套袋前

开始防治，以三唑类杀菌剂为主，6月份喷施一遍保护剂后，7月上旬、8月上中旬各喷布一次三唑类杀菌剂。苹果炭疽叶枯病防治应在6月中旬至7月中旬交替喷施波尔多液和有机杀菌剂，每10～15 d一次，保证每次出现超过2天的连续阴雨前，叶面和枝条都处于药剂的保护中。波尔多液是最好的保护剂，吡唑醚菌酯和咪鲜胺是防治苹果炭疽叶枯病有效的杀菌剂。

3. 苹果果实病害

（1）苹果轮纹病、炭疽病 苹果轮纹病和炭疽病是两种危害苹果果实的主要病害，两种病害常同时出现，都能造成果实腐烂。

① 苹果轮纹病是苹果轮纹病菌（*Botryosphaeria dothidea*）侵染果实造成的果实腐烂病害，在枝干病害中已叙述。苹果果实从落花到采收都能受到轮纹病病菌的侵染。8月前果实抗病性强，侵染的病菌生长扩展很慢，因此，生长早期侵染的病菌直到8月中旬之后才陆续诱发病害；8月以后，在较短的时间内就可以诱发病害。

② 苹果炭疽病是由炭疽病菌（*Glomerella cingulata*）引起的。该病菌以菌丝的形态在树上的病僵果、果台以及树上的干枯枝上越冬，第二年春天越冬病菌形成分生孢子为初侵染源，病菌孢子通过雨水飞溅传播。在高温、高湿、多雨情况下，该病菌繁殖快，传染迅速。侵染程度与降水量密切相关；品种之间的抗病性差异很大，红露、嘎拉等是易感病品种；不套袋的苹果，由于没有果袋的保护，易受病菌的侵染；如果碰上降雨量大，果园郁闭，通风透光不好，病原菌产孢量大，喷药防治不当，易造成发病严重。

苹果轮纹病和炭疽病的病果，其病斑表现都是同心轮纹状。但炭疽病的轮纹是由黑色小点粒排列而成；而轮纹病的轮纹是由颜色深浅交替排列而成。感染炭疽病的果实果肉发苦、病斑颜色较深，感染轮纹病的果实病斑颜色浅。

（2）套袋果实斑点病 果实套袋后，表面出现的形状不同、大小不等、褐色至黑色的坏死斑，统称为套袋苹果斑点病。套袋苹果都会受害，一般年份损失3%～20%，病重园达80%，对果农的收入影响很大。

腐生菌或弱寄生菌从果实表面的裂口、幼嫩果实的皮孔或表皮侵染。侵染时期分为8月中旬前、后两个阶段。8月中旬前，以黑点型病斑为主，以粉红单端孢菌（*Trichothecium roseum*）侵染为主，病菌主要来源于残存花器和果实表面。于7月上旬前后，果实上的气孔向皮孔转化，果皮幼嫩，皮孔发育不完善，对病菌敏感，若果实生长前期遇持续7 d以上的阴雨，袋内湿度高，花器和果实表面上病菌大量繁殖，从幼嫩果皮或皮孔侵染。8月中旬后，以黑斑型、褐斑型和红点型病斑为主，8月中旬前的高温杀死了果实上的绝大部分病菌，果面仅残存链格孢菌（*Alternaria* spp.）及后期新传入的菌核生枝顶孢（*Acremonium sclerotigenum*）等。秋季袋内湿度大，遇降雨后湿度更大，病菌在果实表面大量繁殖，伤口不易愈合，而且近成熟的果实抗病性差，病菌侵染后扩展很快，常形成黑斑型、褐斑型病斑。

（3）苹果霉心病 由粉红单端孢菌侵染致病，能造成果心霉变、腐烂。该病菌寄主广泛，果园中的支棍、果园周围的防护林及梨树、李子树、杏树等都有粉红单端孢菌，而且都能侵染苹果导致苹果霉心病，病菌随风传到苹果树的死枝、僵果上，秋雨季节在枯死枝上腐生。花期降雨后，产生大量的孢子，随雨水经花柱侵染。开花到开花后3周，降雨次数越多，霉心病发生越严重；花柱与发病的关系密切，萼筒封闭好的品种发病轻（如富士等），萼筒开放品种的发病重（如新世纪、斗南等）；新鲜的花柱易受到侵染，已腐朽的花柱不能腐生粉红单端孢菌。

（4）果实病害的综合防治措施

① 加强栽培管理。增强树势，提高抗病力。果实套袋是防治果实轮纹病、炭疽病最有效的农业措施。合理密植和整形修剪，改善果园通风透光条件，降低果园湿度。果园周围不要栽植刺槐树作防风林，防止病菌从刺槐树上传过来。果实生长后期，通过肥水管理控制果实的膨大速度，减少果面裂口，防治黑斑病。

② 搞好清园工作。清除树上和树下的病僵果，带出果园或集中深埋，初期发现病果要及时摘除。

③ 喷药保护。从苹果谢花坐果开始就要喷药保护，套袋前用药2～3次以降低残存花器和果面上的带菌量；盛花期、落花后、套袋前重点针对花器和果面上的粉红单端孢菌和链格孢菌用药，尽量压低果面和花器上的带菌量。苹果摘袋后要喷一遍3.0%的多抗霉素水剂600～800倍液，防治红点病。苹果轮纹病、炭疽病应主要抓好套袋前喷药防治，结合防治霉心病、红黑点病用药，药剂可选用3%的多抗霉素水剂600～800倍液、25%的多菌灵可湿性粉剂200～400倍液、50%的甲基硫菌灵可湿性粉剂400～600倍液、10%的苯醚甲环唑水分散颗粒剂1 500～2 500倍液、43%的戊唑醇悬浮剂3 000～4 000倍液等。

4. 苹果根系病害

(1) 苹果根朽病 该病主要危害根颈和主根。3～11月发病，6～9月为发病盛期，7～11月病部长出子实体。

(2) 苹果白绢病 该病主要发生在根颈部，故又称基腐病。4～10月发病，7～9月是发病高峰期。近年在矮砧苹果树上发病较重。

(3) 苹果白纹羽病 3～10月发病，6～8月为发病盛期。发病初期，细根霉烂，随之扩展到侧根和主根。

(4) 苹果紫纹羽病 整个生长季节都能发病，但以7～8月发病最盛。发病时，先是须根、细根感病，后渐次扩展到侧根和主根。

(5) 苹果根系病害的综合防治措施 苹果根系病害主要是因为生长期雨水过多、土壤中含水过量、排水不良、土壤板结、有机质少，酸性和微酸性土壤的果园发生最重，栽植过深或培土过厚、耕作时植株受到损伤或蛴螬等地下害虫咬伤根系都会加重病害程度。

① 加强栽培管理，创造不利于发病的条件。雨季来临前，挖好排水沟，及时排除积水和过多水分，降低地下水位和土壤含水

量，切忌积水涝根。在采果后的 9～10 月，深翻果园，重施基肥，把板结贫瘠的土壤尽快改良成疏松肥沃的土壤，为根系创造良好的生长条件。土壤偏酸的果园，应使用土壤调理剂或生石灰，把 pH 调节到 6.5 以上，以改善土壤理化性质。保护根系和根颈少受伤害，以减少病菌侵入途径和增强抗病能力。果园四周不种刺槐，已种的应予伐除。

② 及时处理病株，防止病害蔓延。初见病株或病株少时，应立即在病株四周滴水线下开深沟封锁，并浇石硫合剂，以免病根与四周邻近果树的健根接触，防止病害蔓延。刨开树盘检查土壤，发病重的，应锯除完全腐烂的大根、刮净病部腐烂皮层和木质，捡净集中烧毁。刮后病部及周围土壤浇石硫合剂，干后再在病部涂刷 2～4倍的松焦油原液，进行消毒和治疗；如正逢雨季，应趁机晾根 15～20 d，再用无病菌土覆盖还原。

5. 苹果生理性病害

苹果生理性病害是由非生物因素即不适宜环境条件引起的病害，如营养元素缺乏引起的生理机能紊乱而造成的病害。常见的有苦痘病、小叶病、黄化病、缩果病、粗皮病等。

（1）苦痘病 该病是由缺乏钙元素造成的生理性病害。苹果缺钙生理性病害是当前套袋果发生较为严重的病害，常见的有苦痘病、痘斑病、水心病等，严重年份发病率达 20%～30%，造成严重经济损失。

（2）苹果缩果病 该病是由土壤中缺乏硼元素造成的病害，症状有干斑型、木栓型、锈斑型、枯梢、扫帚枝、簇叶等。

（3）苹果粗皮病 该病又称锰中毒，是由于苹果树体锰元素积累过量引起的生理病害。在枝干上表现为粗皮状。在 7～8 月发病，初期在一年生枝条的皮部出现小突起，逐渐扩大增多呈疹状，疹顶部开裂下陷。病树在翌年春季发芽迟，常发生顶梢枯死现象。二年生枝条上发生的疹状斑在 1 年后扩大，树皮呈轮纹状开裂而下陷。病皮的筛管、伴胞等有分散的坏死细胞，也就是病皮下有黑色斑点和黑筋丝，很快发展成木栓层，树皮内部隆起。严重影响水分和营养输送，严重的造成死树。

(4) 小叶病 该病由缺乏锌元素造成。苹果展叶后，顶梢叶片簇生，枝中下部光秃。叶片边缘上卷、脆硬，呈柳叶状。

(5) 生理性病害的综合防治措施

① 改良土壤，增施有机肥。增施有机肥，提高土壤中有机质含量，改善土壤理化性质。有机质含量丰富的土壤，土壤结构好，利于根系的生长发育；有机肥养分含量全面，可促使土壤养分平衡供应。

② 调整土壤酸碱度。对于 pH 小于 5 的酸性土壤，可以使用石灰或硅钙镁肥来调整土壤酸碱度，一般每亩使用生石灰 150～200 kg、硅钙镁肥 50～100 kg。

③ 控制树势，合理负载，树体不环剥。保持中庸树势，使枝条不旺长，合理负载，维持中庸健壮树势，用拉枝开角、使用生长抑制剂等方法取代环剥抑制树势，保持根系生长良好，增强根系对各种元素的吸收能力。

④ 土壤增施微量元素肥料。平衡施肥，采用测土配方施肥，大量元素肥料和中微量元素肥料配合使用。

⑤ 在生长季节合理修剪。去除过密枝条，保持果园通风透光，增大树体的蒸腾拉力，促进钙元素的吸收；雨水多的年份注意果园排水，保证果园不积水，干旱年份要及时给果树浇水，保持根系的正常生长，增加吸收根的数量，增强根系对各种元素的吸收能力。

（三）主要虫害防治技术

苹果树的虫害主要包括红蜘蛛、白蜘蛛、苹果绵蚜、潜叶蛾、顶梢卷叶蛾、食心虫、绿盲蝽、苹果黄蚜等。

1. 红蜘蛛

红蜘蛛包括苹果红蜘蛛（苹果叶螨）、山楂红蜘蛛（山楂叶螨）。是危害苹果树的主要害螨，每年都有发生，如果防治不及时，就会造成果树提前落叶。苹果红蜘蛛以卵在枝干和芽鳞痕上越冬，山楂红蜘蛛以雌成螨在树干上越冬。

果树发芽后，山楂红蜘蛛越冬雌成螨开始出蛰，在果树展叶后开始产卵。苹果红蜘蛛在苹果萌芽期、日平均气温在 10 ℃时越冬卵开始孵化。4 月下旬苹果的开花期是越冬卵的孵化盛期；5 月上旬苹果的落花期是越冬代成虫发生盛期；5 月上中旬苹果谢花后 1 周左右是第 1 代卵孵化盛期。所以，在苹果开花前和落花后是药剂防治苹果红蜘蛛的关键时机。高温干旱有利于害螨的发生。因此，对于红蜘蛛应抓住早期防治，控制虫口数量，不让害螨有快速繁殖的基础。

防治红蜘蛛要抓住两个关键时期：一是越冬成螨出蛰期和越冬卵孵化盛期（果树花芽萌动期），防治效果较好的杀螨剂有 20％的四螨嗪悬浮剂 1 500 倍液、20％的阿维·螺螨酯乳油 3 000～4 000 倍液；二是麦收前害螨数量增殖期，这个时期可用 25％的三唑锡可湿性粉剂 2 000 倍液、1.8％的阿维菌素乳油 4 000 倍液。

2. 白蜘蛛

白蜘蛛以雌成螨在树体根颈处、树上翘皮裂缝处、杂草根部、落叶和覆草下越冬。寄主范围广、食性杂，能危害各种果树、蔬菜、农作物以及杂草。繁殖速度快，平均单雌产卵量为 100 粒，最高可达 900 粒。温度越高，繁殖周期越短，因此高温干旱年份容易爆发。抗药性强，一般杀红蜘蛛的药剂对白蜘蛛防效不好。3 月下旬至 4 月中旬白蜘蛛越冬雌成螨开始出蛰，7 月螨量急剧上升，进入大量发生期，其发生高峰为 8 月中旬至 9 月中旬。

白蜘蛛越冬前，在根颈处覆草，并于翌年 3 月上旬将覆草或根颈周围 20 cm 范围内的杂草收集并烧毁，可大大降低越冬基数。刮除树干上的老翘皮和粗皮，消灭其中的越冬雌成螨。药剂选用 1.8％的阿维菌素乳油 4 000 倍液，与杀卵的药剂如 20％的四螨嗪悬浮剂 2 000 倍液配合使用效果更好。

3. 苹果绵蚜

苹果绵蚜又叫血色蚜虫，在苹果上是检疫对象，具有繁殖能力强、世代重叠明显、发育周期短、危害严重的特点，由于能分泌白色棉絮状蜡质，因此防治困难。

苹果绵蚜繁殖方式以无翅胎生为主，孤雌生殖，一年发生12～23代，在山东一年发生17～18代。以一龄或二龄若虫在果树树干伤疤、剪锯口、树皮缝隙及近地面根部越冬，翌年春天气温上升到8.5 ℃时越冬若虫开始危害活动，出蛰高峰期在4月上中旬，当气温上升到11 ℃时，若虫迁移到叶腋、嫩梢基部吸取汁液进行生长发育并孤雌生殖。一年有两次发生高峰，第1次在6月中下旬，是全年繁殖盛期，7～8月受高温高湿及寄生蜂影响，绵蚜繁殖受抑制，8月下旬，气温降低，气候适宜，绵蚜繁殖量开始增加，10月是第2次发生高峰。多雨年份绵蚜发生严重。

注意保护天敌，喷药时注意避开苹果绵蚜蚜小蜂（*Aphelinus mali* Haldeman）的繁殖高峰期（烟台地区8月）。在春季萌芽后，在苹果树的根颈部用25%的噻虫嗪粉剂1 000倍液和200 g/L的氯虫苯甲酰胺悬浮剂1 000倍液灌根，可有效地防治绵蚜，有效期可达到60 d。生长季节结合防治其他害虫时用48%的毒死蜱乳油1 200倍液或22.4%的螺虫乙酯4 000倍液，在绵蚜开始迁移、身体上的蜡毛稀少时喷药效果好。

4. 潜叶蛾

潜叶蛾有金纹细蛾、银纹潜叶蛾和旋纹潜叶蛾，金纹细蛾是主要的危害苹果叶片的潜叶蛾类害虫，主要以幼虫潜于叶内取食叶肉。

金纹细蛾1年发生5代，以蛹在被害叶片中越冬。翌年开春苹果发芽时成虫羽化，各代成虫发生盛期不同，第1代为5月下旬到6月上旬，第2代为7月上旬，第3代为8月上旬，第4代为9月中下旬，后期世代重叠，最后1代的幼虫于10月下旬在被害叶的虫斑内化蛹越冬。以上5个时期是防治金纹细蛾的关键期。

清除枯枝落叶能消灭在此越冬的蛹，减少来年的发生数量。化学防治的关键时期在各代幼虫孵化期，以防治第2代和第3代幼虫为主。常用药剂有25%的灭幼脲悬浮剂1 000～1 200倍液、25%的除虫脲可湿性粉剂3 000倍液。

5. 顶梢卷叶蛾

苹果顶梢卷叶蛾一年发生4代。以幼虫在枝梢顶端干枯卷叶中越冬，少数在侧芽和叶腋间越冬；早春苹果萌芽，越冬幼虫出蛰，危害嫩叶；4月中下旬逐渐转移到新梢顶部，吐丝卷缀嫩叶危害；幼虫老熟后在卷叶内作茧化蛹。越冬代成虫于5月上旬发生，即交尾产卵，卵期约7 d；5月中下旬第一代幼虫出现，危害嫩叶。以后各代幼虫发生期分别为7月上旬、8月上旬和9月上中旬；9月孵化的幼虫一直危害到10月后逐渐作茧越冬。

结合冬季修剪，仔细剪除虫梢，收集烧毁，消灭越冬幼虫。在4月中下旬，认真摘除新梢上的虫梢卷叶，杀死其中的幼虫，可减轻第1代幼虫危害。应抓住喷药的关键时期，在越冬代成虫的产卵盛期和各代幼虫的孵化盛期喷药。常用药剂有20%的氰戊菊酯乳油2 000倍液、2.5%的溴氰菊酯乳油2 000倍液、25%的灭幼脲悬浮剂2 000倍液。

6. 食心虫

苹果套袋能有效地防治各种食心虫类害虫。不套袋苹果主要防治桃小食心虫。

目前，在山东省苹果上发生危害的食心虫主要有2种，即桃小食心虫（又名桃蛀果蛾）和梨小食心虫（又名梨小蛀果蛾），分别简称桃小和梨小。桃小在山东省一年发生2～3代，以老熟幼虫结冬茧在树下土壤内越冬，越冬代成虫发生时间受温湿度影响很大，发生期长，一般在5月中旬至7月上旬发生，成虫产卵于苹果花萼部位，单粒散产，多数为1果1卵，第1代幼虫主要危害早熟、中熟苹果，2～3代危害晚熟苹果，10月以后，末代老熟幼虫逐渐进入越冬状态。梨小在山东省一年4～5代，以老熟幼虫在果树枝干裂皮缝隙、落叶杂草、主干根颈周围表土层等处结茧越冬，3月下旬至4月上中旬越冬幼虫开始化蛹，苹果和桃树发芽后成虫出现，卵产于新梢的中上部叶片背面，第1～2代主要危害桃、苹果、樱桃新梢，3～5代主要危害梨、苹果的果实，卵产于果面，多为1果1卵，10月以后，末代老熟幼虫逐渐进入越冬状态。

早春把行间土翻压到树盘上，并用地膜进行树盘覆盖，能降低桃小越冬幼虫出土数量。释放寄生蜂如桃小甲腹茧蜂，寄生蜂产卵在桃小卵内，以幼虫寄生桃小幼虫，因此可在越代成虫发生盛期释放桃小寄生蜂。也可使用桃小性诱剂在越冬代成虫发生期对其进行诱杀。

5月下旬越冬幼虫出土前地面撒药杀死出土的越冬幼虫，药剂可选择3%的辛硫磷颗粒剂，也可地面喷洒40%的毒死蜱乳油1 000倍液。6月中下旬抓好第1代桃小食心虫的防治，所用药剂主要是菊酯类农药，以后各代根据果园诱芯诱捕的成虫数量决定喷药的时期。

7. 绿盲蝽

绿盲蝽的若虫和成虫以刺吸式口器危害果树的幼叶、嫩梢、花朵和果实。幼果受到危害时，以刺吸孔为中心，果面凹凸不平，周围果肉木栓化，似果点爆裂，随果实膨大，果面上形成2～3 cm^2的锈疤和瘤子。绿盲蝽在烟台地区每年发生4～5代，以卵在果树顶芽鳞片内和果园杂草等含水分较高的组织内越冬，翌年3月下旬至4月上旬越冬卵开始孵化，先危害果树的嫩叶，4月中下旬是若虫盛发期，是防治的关键时期。

冬前或3月上旬清除果园的杂草，消灭越冬卵。3月下旬至4月上旬越冬卵孵化期、4月中下旬若虫生发期、5月上旬谢花后这3个时期，结合防治其他害虫，喷药防治。药剂可选择48%的毒死蜱乳油1 500倍液、2.5%的高效氯氟氰菊酯2 000倍液。

8. 苹果黄蚜

苹果黄蚜又叫绣线菊蚜，主要危害新梢，严重时也可危害幼果。分泌物污染果面和叶片，秋季降雨多时形成霉污病。苹果黄蚜1年发生10余代，以卵在枝条芽基部和裂皮缝里越冬。翌年春天苹果芽萌发后开始孵化，若蚜集中到芽和新梢嫩叶上危害，并陆续孤雌胎生繁殖后代。5～6月主要以无翅胎生方式繁殖，是苹果新梢受害盛期。进入7月后产生有翅蚜，迁飞至其他寄主植物上危害。10月产生有性蚜，两性蚜交尾后陆续产卵越冬。

利用苹果黄蚜对黄色的趋向性，可将涂黏虫胶的黄色纸板在春夏季此虫害发生时悬挂在树上诱杀。在苹果黄蚜数量迅速上升时喷药防治，药剂可选择10%的吡虫啉可湿性粉剂3 000～5 000倍液和3%的啶虫脒乳油2 000～2 500倍液、22.4%的螺虫乙酯悬浮剂2 000～3 000倍液。

由于气候条件的变化，每年的病虫害发生情况不同，要根据果园的病虫害发生的具体情况进行防治，不能仅凭经验防治。

八、苹果的采收与包装

苹果在果园生长发育至一定时期，达到鲜食、贮藏、加工要求后，需要进行采收，随后进行挑选分级、清洗打蜡、保鲜、包装、预冷、贮藏、运输等采后商品化处理，以保证果品质量、提高商品率和商品价值。苹果采收既是田间生长发育过程的继续，又是适应新的贮藏保鲜环境的开始，是决定苹果商品化及果品价值的关键步骤之一。

（一）适期采收

适期采收不仅影响采后苹果的品质和贮藏保鲜期，还影响果树第二年的产量、花芽发育和果品质量，必须引起高度重视。目前，相当一部分的果农和贮藏保鲜企业对苹果适期采收的重要性认识不足，早采和晚采现象普遍存在，造成采后品质下降和贮藏中生理性病害的发生。苹果若采收过早，外观色泽差，糖分的积累不够，导致口感淡而无味；果实还未充分发育，果个小而影响产量，若苹果早采收1个月，产量至少会减少20%；同时，早采苹果抗病性弱，耐贮性差，贮藏中易出现虎皮病等生理病害。苹果若采收过晚，如某些果农一味追求苹果糖心而晚采，虽然果实的食用品质较好，但果实已发生呼吸跃变而衰老速度加快，贮藏保鲜期大大缩短，腐烂率增加。只有适期采收的苹果，才会优质与耐贮藏两不误，提高果实的商品价值。

1. 确定最佳采收期

苹果采收期的确定是根据果实成熟度来确定的，它分为商品成熟度和食用成熟度。商品成熟度是指果实体积不再增大，但其最佳风味、香气未充分地表现出来，肉质较硬，采收后经一定时间的存放才能充分发挥其最佳食用品质的成熟度，即通常所说的7～8成熟度果，适于采后中期和长期贮藏及长途运输，也适于做苹果罐头或果脯加工用。食用成熟度是指果实已显现最佳的色泽、香气、口感等，淀粉已转化为糖，果面蜡粉已形成，充分表现本品种的品质、风味特征，达到最佳食用的成熟度，一般为8～9成熟度果，采收的果品只适宜鲜食、产地销售和加工，不宜长途运输和长期贮藏。一般早熟苹果品种的两种成熟度基本一致，而晚熟苹果在商品成熟度采收后3～4周才达到食用成熟度。果实成熟时会导致色泽、果梗脱离难易程度、果实硬度、生长发育期和化学物质含量等的变化，因此苹果的最佳采收期可以根据这些因素来确定。

（1）色泽 苹果色泽是果实品质最直观的指标，通常果实理想的风味和质地是与典型颜色的显现相关联的，所以果品的果皮色泽可作为判断是否达到最佳采摘期的标准。苹果果皮色泽分为底色和表色两种。果皮底色在果实未成熟时一般表现为深绿色，果实成熟时将出现三种情况：一是绿色消褪乃至完全消失，底色为黄色；二是绿色不完全消褪，产生黄绿色或绿黄色底色；三是绿色完全不消褪，仍为深绿色。而果皮表色在果实成熟后，主要表现为不同程度的红色、绿色和黄色三种类型。

苹果的着色是叶绿素（绿色）、类胡萝卜素（黄色）、花青苷（红色）等共同作用的结果。叶绿素显示的颜色褪去或与类胡萝卜素显示的颜色共同构成果面的底色，花青苷显示的颜色则构成表色，因此当黄色和绿色苹果品种的果皮底色由深绿色逐渐变为浅绿色或黄色等，而红色苹果品种的果皮底色为黄白色、表色为片红或鲜艳条纹红时，果实达到最佳采摘期。表8-1中列举了部分出口苹果的最低着色度指标，可根据此表确定最佳采收期。

表 8-1　部分出口苹果的最低着色度指标

	AAA（特级）	AA（一级）	A（二级）
元帅类	90%	70%	
富士	70%	50%	40%
国光	70%	50%	40%
金冠	黄色或金黄色	黄色或黄绿色	黄色或黄绿色
青香蕉	绿色，不带红晕	绿色，红晕不超过果面 1/4	绿色，红晕不限

注：本表摘自《鲜苹果》（GB 10651—1989）。

法国果蔬行业技术中心根据嘎啦、富士、金冠等苹果的着色情况制作了色卡，并对其进行了分级，果农可根据色卡色度与果实色泽进行比对，根据色泽等级确定最佳采收期，如图 8-1 所示。

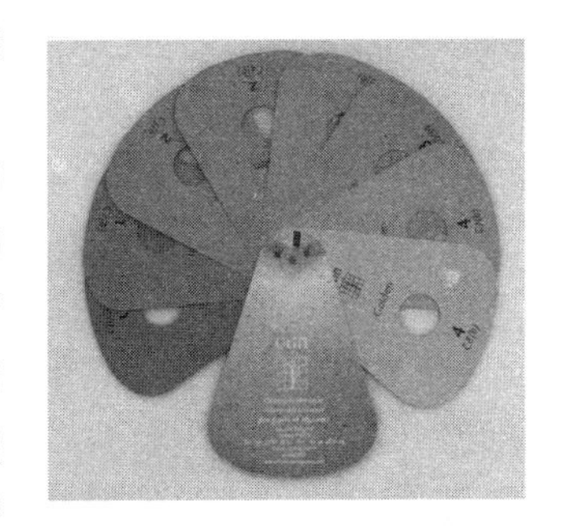

图 8-1　金冠苹果成熟度色卡

值得注意的是，我国套袋苹果约占 80%，果实套袋作为一项重要的栽培措施，对果实生长的微环境有着重要的调节效应，能显著改善果实的外观质量尤其是果皮着色，因此除袋早晚会对红色、绿色和黄色苹果的着色产生影响。果实着色具有特定的时间段（着色期），在红色品种的苹果果实着色期前除袋，对着色影响不大，但除袋早晚会明显影响采收期果皮的花青苷含量。如秦冠品种花后 176 d 前除袋对果实色泽影响不大，但在花后 176 d 后除袋，果实能迅速着色，当全部着色成为粉红色时即为最佳采摘期。

（2）果梗脱离的难易程度　果实生长发育过程中果梗的基部和结果枝之间会产生特殊的细胞层，随着果实成熟，生长素减少而乙烯和脱落酸含量增加，促使这种特殊的细胞层形成离层。当离层完全形成与解离时，果实受到外力如被旋转或者抬高就会自然脱落，此时即为最佳采收期，如不及时采收会造成大量落果。

（3）硬度　苹果硬度是指苹果单位面积上可承受的压力。果实发育成熟过程中，果肉质地经历由嫩转硬再变软的过程，果实硬度呈现先升高后降低的趋势，这与细胞壁中各物质的含量显著相关。果实由硬变软的转折点在膨大后期，此时细胞不再增生，细胞壁中纤维素、半纤维素及果胶质含量急剧减少，细胞壁为了满足果实的快速增大，就会发生细胞膨大，中性糖多聚体水解，细胞壁网络的复杂性减弱，细胞壁松弛，果实质地逐渐变软。如富士苹果的硬度由采收前 56 d 的 17.00 kg/cm^2 降至采收时的 12.80 kg/cm^2，金冠苹果的硬度由采收前 56 d 的 16.20 kg/cm^2 降到采收时的 11.1 kg/cm^2。苹果果实的硬度在一定的程度上反映了果实的成熟度，因此可以通过测定果实硬度来确定最佳采收期，如国光在硬度为 7.60～8.50 kg/cm^2 时为适宜采收期，澳洲青苹在硬度为 7.00～7.60 kg/cm^2 时为适宜采收期。

（4）生长发育期 苹果果实的生长发育期是指由开花到果实成熟的生长时期，分为花期、生理落果期、果实膨大期和成熟期。花期为 12 d 左右；生理落果期一般在花后 1～2 周；果实膨大期是果实由细胞分裂期转变为以细胞体积增大为主的生长期，是决定苹果当年的产量、品质以及明年坐果率的关键时期；成熟期是色泽、香气、糖分等形成的主要时期，但果实体积不会显著增加。在正常的气候条件下，同一品种的苹果生长发育期一般都是比较稳定的，早熟品种在盛花后 100～ 120 d 达到最佳采收期，如嘎拉系为 110～120 d；中熟品种为盛花期后 120～140 d，如蜜脆苹果为 125～140 d；中晚熟品种为盛花期后 140～160 d，如新红星为 150～155 d；晚熟品种为盛花期后 160～190 d，如国光品种为 160～165 d，红富士品种为 170～180 d。

相同品种的苹果在不同生长环境下生长发育期也会有差异，因为它受气候条件（温度、光照、降雨）、土壤条件、栽培模式等因素的影响较大，各地应根据当地的气候条件和多年经验确定适合当地采收的平均生长期。

（5）化学物质含量 苹果在生长、成熟过程中，糖、淀粉、有机酸、可溶性固形物、香气、色素物质等的组分和含量不断变化。

进入成熟时乙烯含量增加，果肉淀粉含量下降，可溶性糖含量上升，花青苷和水溶性果胶含量增加，叶绿素含量下降，果实特有的色、香、味出现。因此可以通过某些特定化学物质的含量判断果实成熟度，进而确定果实的最佳采收期。下面我们简略介绍一下国内外应用范围较广的几种方法：

① 乙烯生成速率法。乙烯是植物体内重要的内源激素和信号分子，不仅调节植物的生长代谢与成熟衰老，还会介导植物的病害反应及抗性的形成，催熟被认为是乙烯最主要和最显著的效应。苹果在未成熟时乙烯释放速率相对较小，随着果实的成熟其释放量不断增大，乙烯生成速率的突然升高被认为是果实成熟不可逆转的标志，因此可以对果实中乙烯生成量进行测定，进而判定最适采收时期。如新红星苹果在花后 60～120 d 时，果实的乙烯生成速率变化不大，约为 0.02 mg/m^3，随后乙烯生成速率迅速增加，在花后 140 d 时，乙烯释放速率为 0.36 mg/m^3，此时果实已成熟，需尽快采摘。但不同品种间苹果最佳采收期的乙烯生成速率差异很大，如 Empire 苹果需在乙烯生成速率达到 0.70 mg/m^3 前采收，蜜脆苹果是 5.71 mg/m^3，红富士苹果是 4.19 mg/m^3。

② 淀粉显色法。果实成熟过程中，幼果期淀粉含量很少，随着果实发育，大部分糖类转变为淀粉在果实内积累而使淀粉含量增加，到果实膨大期，淀粉含量急剧上升而达到峰值，至果实成熟时，淀粉水解转化为糖，含量下降。因此，淀粉含量变化可作为一项成熟程度的指标，用以确定苹果采收期。目前，普遍采用苹果横截面碘-淀粉染色法反映果实成熟度。淀粉与碘反应生成特有的蓝黑色，而糖类与碘不发生反应，可通过将碘液涂于果实横截面上，根据染色面积确定苹果采收期。通常将碘反应染色面积分为 5 级，即完全染色（5 级）、果心内消失（4 级）、维管束带内消失（3 级）、70%消失（2 级）、90%以上消失（1 级），一般将 70%～90%未染色的时期定为适宜采收期。国外现已建立了旭、元帅、乔纳金等苹果品种的果实碘-淀粉染色图谱，并在生产中广泛应用。

③ 叶绿素荧光测定法。前面也已讲述到，叶绿素是构成苹果

果实色泽的主要成分之一，使果实在生长发育期呈现绿色。苹果中的叶绿素主要是叶绿素 a 和叶绿素 b，两者含有由中心原子镁原子（Mg）连接 4 个吡咯环的卟啉环结构和 1 个使分子具有疏水性的长碳氢链，差别仅在于叶绿素 a 的第Ⅱ吡咯环上 1 个甲基（$—CH_3$）被醛基（—CHO）所取代。卟啉环上的共轭双键和中心镁原子容易被光激发而引起电子的得失，这决定了叶绿素具有荧光性。叶绿素 a 溶于乙醇溶液并有深红色荧光，叶绿素 b 溶于乙醇溶液具有红棕色荧光。苹果果实生长发育过程中叶绿素 a、叶绿素 b 含量和叶绿素总量呈逐渐下降的趋势，且有双峰出现。在成熟前期，苹果的叶绿素 a 含量和叶绿素总量迅速降低，因此可以通过荧光法测定叶绿素含量来判断果实成熟度，从而确定最佳采收期。

目前，已有多种利用激发光源（紫外光、蓝光、绿光、红光）来激发苹果果皮中叶绿素荧光的仪器，提供了一种在自然环境中判断其叶绿素含量的测试方法，具有灵敏、快速、非破坏性的特点，可用来评估苹果的成熟度和品质，如使用 Multiplex 荧光仪可检测富士、澳洲青苹和金冠等不同品种的苹果的叶绿素含量，以确定其最佳采收期。

需要注意的是，苹果成熟前套用纸袋能显著降低苹果果皮中的叶绿素总含量，但除袋后果皮叶绿素总量持续上升，因此利用叶绿素荧光测定法确定其最佳采收期是不可取的，即叶绿素荧光测定法仅适用于生长发育期未套袋的苹果。

苹果的成熟度是一个多因子的判定指标，需要综合考虑色泽、硬度、生长期、化学物质含量等因素以确定其最佳采收期。果品的采收还应根据品种特性、贮运条件、市场需求和天气情况等综合考虑而决定其最佳采收期，若遇见自然灾害天气，应组织人力适当提前抢收。还需时刻关注市场情况，有时为了获得较好的经济效益，也可适当早采或晚采。

2. 选择适宜的采收方法

苹果采收质量的好坏直接影响到苹果的贮藏、加工和销售，从而最终影响市场价格和经济效益，采收的方法主要有人工采收法、机械辅助采收法和机械采收法。用于鲜食和长期贮藏的果实多采用人工采收或机械辅助采收法，用于果酒、果汁、罐头等加工的果实多采用机械采收法，这是因为人工采收法和机械辅助采收法可以做到轻拿轻放，机械损伤少，而机械采收法的果实损伤比较严重。

（1）人工采收法 苹果采收时用手摘、采、拔或用刀剪、刀割等方法都属于人工采收。采果工人需剪短指甲或戴上手套以避免指甲划伤果实，按照由外向内、由下向上的顺序分批采收。采收通常分三批，第一批先采树冠上部、外围着色好的、果个大的果实；第二批最好在5～7 d后进行，同样选择色泽好、果个大的果实采收，前两批采摘的果实要占全树的70%～80%；紧接着再过5～7 d进行第三批采摘，将树上所剩的果实全部采摘下来。本着轻摘、轻放的原则采果，切忌硬拉硬拽，防止果柄与果实分离，尽量做到无伤采摘。

人工采收时最好利用剪果钳，不仅可从树上直接剪下果实，省时省力，还可以剪去果柄，避免在运输、贮藏过程中对果实造成机械伤。目前，多数果农用竹竿自制一种一端开口的工具夹摘高处的果实，此种采摘方式只适合果柄比较长的果实的采摘，但容易摔坏果实。还有些果农直接用手棍装上镰刀头用于钩采，此采摘方式的缺点是水果容易在蒂处断开并落在地上摔坏，枝条的扭断处茬口断裂，影响果枝的成长。

人工采收时需准备辅助采收工具——采果梯，用于采收树体较高部位的果实；准备轻便、结实、柔软的采收袋暂时盛放果实，国内应用的采收袋大多就地取材，如蛇皮袋、帆布袋等，而国外采收袋的内衬用软布，上部开口，下部有带内衬的拉链，便于取果时拉开缓慢倒入包装箱内，采收袋有一个背带，便于斜挎在采果工人的肩上。

（2）机械辅助采收法 借助工具、自动升降台车或行间行走拖车，由人工进行采摘。采用机械辅助的人工采收能减轻人们的劳动强度、节省成本、提高劳动生产效率，在减少果实机械伤、保证新鲜果品品质等方面都有着重要的意义。目前国内外应用最为广泛的是自动升降台车，轮式拖拉机或履带式动力底盘上装设剪叉式作业平台，这种升降平台具有横坡调平和纵坡调平的功能，工作人员站在升降平台上从不同位置完成采摘作业，这种作业平台也用于果园的其他管理如修剪、架网等。这种成本低廉的用于承载工人移动的果园作业平台将成为未来现代化果园采收的标配，机械辅助采收将成为常规技术。

(3) 机械采收法 机械采收的基本原理是用机械产生的外力对果柄施加振动、吹、拉、弯、扭等作用，当作用力大于果实与枝条的连接力时，果实就在连接最弱处与果柄分离，完成采摘过程。生产上一般使用强力振动机械法迫使果实从离层脱落，在树下铺垫柔软的帆布垫或自动化传送带承接果实，并将果实送至分级包装机内。振动机械法是用拖拉机附带一个器械夹住果树，用振动器振动从而将果实振落，根据振动位置不同可分为树干振动式、树枝振动式和树冠振动式。振动采摘的主要技术难点是如何减少碰撞对果品的损伤，目前主要是通过在苹果下端放置表面由弹性材料制成的接收装置来减少碰撞造成的损失或者是通过装置向上喷射高压气体而形成空气弹簧使下落的苹果减速并减少碰撞。为了便于机械采收，一些国家广泛应用化学物质促使果柄松动（如乙烯利），然后振动采收。

虽然我国倡导苹果高密度矮化栽植模式，但目前多数农户还是以传统栽植模式为主，果树的高度过高，且果园多在地面不平整的山地而不利于机械采收和机械辅助采收。研究开发适合我国生产实际的山地水果采摘机，使其具有相当的高度和柔性以适应复杂环境是一项紧迫的任务，具有广阔的市场应用前景。

3. 苹果采收的注意事项

(1) 注意采收时间与天气条件 我国苹果采收季是 7～10 月，中午外界气温较高，采摘的果实携带大量的田间热，果实呼吸速率高，呼吸消耗大，会加快果实的衰老速度，减少贮藏保鲜期，因此，苹果采收应尽可能安排在气温较低的时段进行，如早晨10点之前和下午4点以后。另外，在有雨、雾或结露的情况下，果面水分大，容易腐烂，不耐贮藏，所以，最好选择晴天采果。

（2）注意采后快速降温 苹果采后田间停留时间不宜超过12 h，田间地头临时存放时，要单层摆放在树下阴凉通风处或遮雨棚下，防止日晒雨淋；用于贮藏或长途运输的苹果，采后要及时预冷，将果温尽快降到0～2 ℃。

（3）采前准备合适的周转箱 田间周转箱的材料多为塑料，也有竹制箱和藤制箱。周转箱要求可以层层叠放，便于周转使用。内壁衬垫发泡塑料、薄膜、树叶或稻草，以减少箱壁对果实的挤压损伤。

（4）选择合适的运输方式 手推车和架子车是把苹果从田间转运到地头的主要运输工具，从田间地头将果品运送到收购或贮藏地点和当地农贸市场则多使用皮卡车或拖拉机，运输途中要避免车辆在田间地头颠簸严重对果实造成的挤压损伤。

（二）分级包装

1. 苹果采后商品化处理技术流程

苹果采后需要进行商品化处理，将果品由初级产品转变为商品，实现经济效益。苹果采后商品化处理技术包括清洗、分级、打蜡、包装、预冷、保鲜处理、贮藏、运输等，这对保证果品质量、方便贮运、促进销售、便于食用和提高产品的竞争力具有重要意义。先进苹果生产国的鲜食苹果都经过商品化处理后再投放市场，而我国经过此处理的苹果相对较少，大部分果品以原始产品状态进行贮藏或销售上市。产品不分等级，没有包装，缺乏预冷等其他采后处理措施，贮藏、运输设备不完善，会造成苹果产值低、贮藏期短、损耗高。采后产值与采收时自然产值的比值在日本为2.20，在美国为3.80，而在我国只有0.48，这说明苹果采后商品化处理在我国还有很长的路要走。苹果采后商品化处理主要包括以下几个方面：

（1）清洗 机械清洗是通过浸泡、鼓风、摩擦、搅动、喷淋、刷洗、振动等物理方法，把附着在果品表面的污染物洗掉。机械清洗设备有鼓风式、刷式、螺旋式和滚筒式等。鼓风式清洗机是用鼓风机把具有一定压力的空气送进盛水的清洗槽中，使苹果与水产生剧烈翻动，苹果在空气对水的剧烈搅拌下进行清洗；空气的搅拌作用加速了苹果上污物的清洗速度，但其强烈的翻动又不会破坏果实，因此广泛应用于苹果清洗。而滚筒式清洗机是苹果通过带式输送机均匀地从进料斗进入滚筒，借助滚筒的转动使果品不断地翻动，果品与滚筒表面以及果品与果品表面相互摩擦，与此同时喷射高压水冲洗物料表面而去除果面污染物；滚筒式清洗设备多用于加工苹果，鲜食苹果一般不使用滚筒式清洗设备。采用机械清洗时，清洗水中需添加消毒剂和表面活性剂，利用清洗液与污染物起化学反应从而清除果实表面的污物、病菌等，使果面卫生、光洁，以提高果实的商品价值，清洗水中常用的消毒剂为次氯酸钙、次氯酸钠和二氧化氯。

（2）分级 分级是根据果实的形状、大小、色泽、质地、成熟度、机械损伤、病虫害及其他特性等，依据相关标准，将苹果分成若干整齐的类别，使同一类别的苹果规格、品质一致，提高果实均一性，从而适应市场需求，有利于贮藏、销售和加工，达到分级销售、提高销售价格、满足不同层次的消费者需要的目的，实现苹果的商品化。

（3）打蜡 打蜡是在果实的表面涂一层薄而均匀的果蜡即可食性液体保鲜剂，经烘干固化后，形成一层鲜亮的半透性薄膜，因此也称涂膜。具有增强果实的色泽度、抑制果实呼吸、防止苹果失水萎蔫、保持鲜度、延长供应期等作用。果蜡的主要成分是天然蜡、合成或天然的高聚物、乳化剂、水和有机溶剂等，其中天然蜡有棕榈蜡、米糠蜡、虫蜡等；高聚物包括多聚糖、蛋白质、纤维素衍生物、聚氧乙烯、聚丁烯等；乳化剂主要是蔗糖脂肪酸酯、油酸钠、吗啉脂肪酸盐等。打蜡分为人工涂蜡和机械涂蜡两种，人工涂蜡适用于少量苹果，用浸了蜡液的毛巾擦果，要求全面均匀，此法简单易行；机械涂蜡有浸涂法、刷涂法、喷涂法等，即将苹果浸在蜡液中，或用机械上均匀运转的软刷子刷，或用喷雾器喷，使果实表面形成极薄而且均匀的蜡层。机械涂蜡装备一般包括水果传送机构、清洗装置、擦干装置、气压式喷蜡装置、蜡液涂布装置、蜡果烘干系统、果蜡抛光装置等。

其中清洗、分级、打蜡的顺序根据苹果的商品特性的不同而不同。对于直接销售或短期贮放的苹果，一般是清洗、喷淋、清水冲洗后干燥，然后打蜡，待干燥后进行分级和包装；对于长期贮藏的苹果，首先是清洗、干燥、分级，然后大包装进入冷库贮藏，销售前再将贮藏的苹果水洗、干燥、打蜡、干燥后进行分级和包装。

（4）包装 包装是保证苹果标准化、商品化、安全运输和贮藏的重要措施，既是贸易的辅助手段，又有利于机械化操作。合理的包装可起到保护作用，减少机械损伤，阻止病害蔓延，减少水分蒸发，保持良好的贮藏稳定性，提高商品率和卫生质量。

（5）预冷 预冷是将新鲜采收的苹果在运输、贮藏前迅速除去田间热的过程。预冷不仅可以降低果实呼吸强度、减少贮藏期病害、防止入贮时库温的快速上升，还能显著延长果实的贮藏保鲜期。以 9 月采摘的元帅苹果为例，若经过 6 周才将其果温冷却到 2 ℃，然后在 2 ℃下贮藏，贮藏期为 3 个月；若经过 7 d 将果温冷却到 2 ℃，再经过 4 周降至 0 ℃，然后在 0 ℃中贮藏，贮藏期为 6 个月；若经过 7 d 将果温冷却至 0 ℃，然后在 0 ℃下贮藏，贮藏期为 7 个月；若经过 7 d 将果温冷却至－1 ℃，然后在－1 ℃下贮藏，贮藏期为 9 个月。

（6）苹果保鲜处理 苹果采后不仅应考虑失水萎蔫、果肉发绵、衰老等生理变化，还要防止虎皮病、苦痘病、褐心病、水心病以及二氧化碳（CO_2）伤害等生理性病变，因此生产上还多对苹果进行保鲜处理，如采用钙处理增强果实抗病性、用生长调节剂 1-甲基环丙烯（1-MCP）抑制乙烯作用、采用生物农药如蜡样芽孢杆菌和枯草芽孢杆菌 QDH-1-1 等抑制苹果腐烂等。

目前长期贮运的苹果普遍采用 1-MCP 处理进行保鲜，其原理是，1-MCP 是乙烯受体的竞争性抑制剂，在果实内源乙烯大量合成之前施用 1-MCP，1-MCP 会抢先与乙烯受体结合，从而阻断乙烯与其受体的结合，使得乙烯生理效应无法完成，从而延迟了成熟过程，达到保鲜的效果。山东 80%以上的入库苹果均采用 1-MCP处理。1-MCP 处理有熏蒸法和片剂法两种，熏蒸法是苹果入库后在 2.25 mg/m³ 的 1-MCP 气体中密闭熏蒸 24～36 h，然后再贮藏，大库熏蒸处理一般由专业公司进行。片剂法是将 1-MCP片放入苹果箱内使 1-MCP 缓慢释放，此种方法简便、有效，目前小规模的和贮藏前包装纸箱的苹果多采用此种方法。

(7) 贮藏 贮藏是苹果长期保鲜的主要方式，要延长贮藏期，首要措施就是降低温度。贮藏苹果的冷库为高温冷库（0 ℃左右），按贮藏容量大小分为大型（>1.0 万 t）、大中型（0.5 万～1.0 万 t）、中小型（0.1 万～0.5 万 t）和小型（<0.1 万 t）。现代冷藏库都采用冷风机使冷空气在库内均匀循环，冷风机吊装在库房顶部的中心线上，驱动冷空气从库房的中心线顶部吹向库房两侧的墙壁，向下通过装有果蔬的包装容器，与果蔬热交换后的空气流到中心线，向上回到冷风机中的冷却器处再进行冷却。为了获得更好的贮藏品质，有些企业会选择在冷藏的基础上与其他措施如气调相结合。

苹果贮藏时要注意以下几点：不同品种具有不同的最适贮藏温度，应根据品种及时调整，如富士、国光苹果的最适贮藏温度为 -1～0 ℃，红星、青香蕉、金冠等苹果品种的最适贮藏温度为 0～2 ℃；贮藏初期降温速度越快越好，以尽快去除田间热；贮藏时应维持温度的稳定，不宜变幅过大，变幅过大会导致失水加重、产品表面结露、湿度管理难、微生物易繁殖等；要保持库内定时换气，防止 CO_2 浓度过高对果实产生伤害；要进行定期检验，发现有开始腐烂迹象的果实要及时处理，防止已腐烂的果实通过接触或在空气中传播病原侵染其他健康果品。我国苹果贮藏库逐渐向专业化、配套设施现代化方向发展，比如长期贮藏的冷库、气调库多建在苹果产地，超市和果蔬配送中心多建设以整理加工、分装为主的配送冷库，同时加大了商品化装卸和运输设备、节能和监控设备、检测设备等的应用配套和升级。

目前，发达国家的采后处理由机械化清洗、打蜡、分级、包装、贮藏的流水线作业逐步向以综合应用三维图像处理、红外线扫描、计算机程序控制等技术为主的自动化、精准化方向发展，而我国苹果的采后处理正在由人工处理向机械化处理过渡。

2. 苹果分级技术

我国进出口苹果和国内自产自销苹果在价格上差别很大，生产销售商缺乏严格的分级意识是原因之一。近年来大家逐渐认识到分级的重要性，意识到分级不仅可以提高优质果商品价值，剔除残次果从而减少病虫害和损失，还推动了果品栽培管理技术的发展和提高。另外，苹果的分级也便于选择合适的贮运方式，一般优质果、出口果应实行全程严格的冷链保鲜和贮运，而内销果和普通果以低成本简易贮藏或土窑洞贮藏为主，对残次果应尽快销售或加工。

(1) 苹果分级指标 苹果的分级指标包括外部品质分级指标和内部品质分级指标两个方面（表8-2）。

表8-2 苹果等级规格

<table>
<tr><th colspan="2"></th><th>特级</th><th>一级</th><th>二级</th></tr>
<tr><td colspan="2">果形</td><td>具有本品种的固有特征</td><td>允许轻微缺陷</td><td>有缺陷，但仍保持本品种的基本特征</td></tr>
<tr><td rowspan="2">色泽</td><td>鲜红或浓红品种</td><td>果面至少3/4着红色</td><td>果面至少1/2着红色</td><td>果面至少1/4着红色</td></tr>
<tr><td>淡红或条红品种</td><td>果面至少1/2着红色</td><td>果面至少1/3着红色</td><td>果面至少1/5着红色</td></tr>
</table>

（续）

		特级	一级	二级
果锈	褐色片锈	不粗糙，不超出梗洼	不粗糙，可轻微超出梗洼和萼洼	轻微粗糙，可超出梗洼和萼洼
	网状薄层	轻微而分离的果锈痕迹，未改变果实的整体外观	不超过果面的1/5	不超过果面的1/3
	重锈斑	无	不超过果面的1/10	不超过果面的1/3
缺陷		允许有不影响果实总体外观、品质、耐贮性和在包装中摆放的非常轻微的表面缺陷	允许有不影响果实总体外观、品质、耐贮性和在包装中摆放的如轻微碰伤、果皮缺陷等轻微缺陷	允许有不改变果实品质、耐贮性和摆放方面基本特性的如轻微碰伤、果皮缺陷等缺陷
轻微碰压伤		无	未变色，总面积不超过1 cm^2	轻微变色，总面积不超过1.5 cm^2
果皮缺陷		无	总长度不超过2 cm；疮疤总面积不超过0.25 cm^2，其他缺陷总面积不超过1 cm^2	总长度不超过4 cm；疮疤总面积不超过1 cm^2，其他缺陷总面积不超过2.5 cm^2

注：摘自中华人民共和国农业行业标准《苹果等级规格》（NY/T 1793—2009）。

苹果外部品质分级指标主要是根据苹果的大小、色泽、果形和瑕疵等，这些均可通过人的肉眼识别或者水果的电学特性、光学特性、声波振动特性等物理性质进行分级。目前，最先进的检测方法是光学方法，它综合了光学传感器和数据处理技术，能够快速地使果品品质得到高精度、高效率的检测与自动分级。

苹果内部品质分级是通过内部糖含量、酸含量、干物质含量、病变程度等进行分级，使果品品质规格化，实现果品的优质优价，提高商品价值。国外如日本、美国等地的品质检测分级技术领先，拥有快速检测果品质地、缺陷、霉心病等病变、水分、干物质、可溶性固形物、有机酸等的技术与装备，并实现了在线无损检测，如荷兰 Greefa 公司的糖度、褐变及腐烂检测品质分级生产线，日本静冈县 Shibuya 精机株式会社的糖酸度分级生产线等。

但是现有的国外内部品质分级设备造价昂贵，即使中小型产品每套也需要 3 000 万～5 000 万元，我国中小型苹果生产或采后处理企业买不起、用不上，因此急需研发适用于我国广大农村中小型企业的内部品质分级机。近十年来，国内内部品质检测分级技术发展迅速，一些高校如浙江大学、中国农业大学、江苏大学等进行了不少技术理论和样机试验研究，一些企业如江西绿盟科技有限公司、山东龙口凯祥有限公司、江苏楷益智能科技有限公司等也进行了相关产品开发。

(2) 苹果分级方法 苹果分级方法分为人工分级法和机械分级法。

人工分级法有两种：一是根据人的视觉和经验判断，按果实颜色、大小、形状等特征将苹果分为若干等级，因此，选果分级人员必须熟练掌握分级标准，一般分级前需对选果人员进行分级培训，使其严格按照标准选果；二是用分级板分级，分级板上有一系列直径大小不同的孔，如 90 mm、85 mm、80 mm、75 mm、70 mm 等，可将果实按大小分成若干规格，然后再根据果实的色泽、形状等分成不同的等级。人工分级适宜在采后入贮前进行，这样既可减少苹果采后人工倒果的次数，避免多次挑拣引起的机械损伤，也使果农对自己的苹果心中有数，便于包装、贮藏和按质论价销售。人工分级最大的缺点是无法确保分级的准确性和一致性，这是因为人工分级标准的客观性水平差，同一品种的苹果在不同的产地人为制定的分级标准可能不同，即使是同一个生产者，由于受情绪和疲劳程度等主观因素的影响，所把握的标准也存在波动；另外，人工分级的效率低，会延长果品预处理时间，降低果实贮藏保鲜品质，不适于大规模果品的贮藏和销售；人工分级的果实一般不经过清洗，无法清除果面的污物，导致病菌和农药残存，也不经过打蜡，无法保证果实的亮度和鲜度，无法满足出口果、优质果的要求。因此我国苹果采后商品化机械分级设备的研发、应用和升级势在必行。

机械分级法包括以下 3 种：

① 形状分级。形状分级按照苹果的形状指标（大小、纵横径长度、果型等）分级，主要是根据果实横径的大小进行分级。光电式分选装置是利用果品通过光电系统测量其外径和大小，或利用高精度摄像机从不同角度拍摄果面后经计算机图像处理从而求出产品的面积、直径、弯曲度和高度等进行分级的。

② 重量分级。根据产品的重量进行分选，用被选产品的重量与预先设定的重量进行比较分级，重量分级装置有机械称重式和电子称重式两种。机械称重式分级机是将果实单个放进固定在传送带上可回转的托盘里，当其移动接触到不同重量等级分口处的固定秤时，如果秤上果实的重量达到固定秤设定的重量，托盘翻转，果实即落下，调节固定秤设定重量和位置就能将苹果按重量不同分为若干个等级。目前机械称重式水果分级机主要有固定衡量秤体运动输送托盘式和固定限位装置运动衡量秤体式两种机型得到了比较广泛的应用。电子称重式分级机是利用计算机技术和称重传感技术实现被测物准确、快速的测量，其中称重传感器是分级过程控制中的最重要的装置，它与自动进料装置、分成单排装置、分级传送装置和卸料装置共同作用，实现苹果重量的精准分级。

③ 颜色分级。利用彩色摄像机和电子计算机获取苹果表面反射的红色光和绿色光的相对强度进行果实分级。当苹果经过计算机控制的光学扫描仪时，计算机将每个苹果的着色程度、着色面积一一记录下来。每个苹果进入一个小杯中向前运动，在计算机的指令下，同样大小、同等着色程度的果实在相同的位置从杯中掉落到下方横向运动的传送带上，进入包装工序。

3. 苹果包装技术

包装指新鲜的水果在运输、贮藏或销售前用适当的材料包裹，以避免果品产生机械损伤，提高商品价值，便于贮藏、运输和销售的措施。现代果品包装的概念引申到保鲜的含义，是指果品包装兼具保鲜的效果，能调节包装内外环境水分和气体流通、降低呼吸作用、减少营养物质损耗，从而保持果品品质、延长果品货架期。因此，苹果的包装不仅要求从外观上保持产品特有的颜色、形状和自然的鲜态，尽可能保持产品原有的天然质地、风味和营养成分，而且要选择出能给予果品最大保护并能为市场所接受的包装。

(1) 苹果包装的分类 苹果的包装分为内包装和外包装。

① 内包装。内包装是在苹果包装过程中，在单个苹果表面包纸或在包装箱内加填一些衬垫物，以缓冲果品贮运、装卸等过程中的冲击，减少果品的机械损伤。内包装的材料主要有包果纸、衬垫物、不同材质的塑料薄膜包装等。塑料薄膜包装是最普遍的包装，主要有普通保鲜袋包装、浅盘包装和气调包装。

a. 普通保鲜袋包装。这种包装方法要求薄膜材料具有良好的透明度，对水蒸气、氧气（O_2）、CO_2 的透过性适当，并具有良好的封口性能，安全无毒。当然，不同品种的苹果应选择不同特征的保鲜袋，如金帅、红星等系列苹果多选择高透湿保鲜袋，红富士苹果应采用 CO_2 高透性专用保鲜袋。长期贮运保鲜时，密封包装的苹果聚乙烯（PE）包装袋内易出现 CO_2 浓度过高和过湿状态，因此，需打孔以避免袋内 CO_2 的过度积累和过湿现象，在 PE 膜打孔的孔径大小和数量应通过试验确定，一般以包装内不出现过湿现象的所允许的最少开孔量为准。

b. 浅盘包装。将苹果放入纸浆模塑盘、瓦楞纸板盘、塑料热成型浅盘等，再采用热收缩包装或拉伸包装来固定果实。这种包装具有可视性，利于产品的展示销售。

c. 气调包装。气调包装是利用果品自身呼吸作用吸收 O_2、产生 CO_2 的原理，在外加包装条件下，利用包装材料对气体选择透过性的平衡，达到适宜的 O_2 和 CO_2 浓度并保持稳定的包装技术。该包装技术在果品产地和冷库贮藏中被广泛应用，其重点是选择厚度合适、具有不同 O_2 和 CO_2 透过性的塑料薄膜作为包装材料。

但选择苹果气调包装材料前需确定该品种贮藏的最适气体成分和温度，一般为1.5%～3.0%的 O_2 和1%～3%的 CO_2，温度比普通冷藏温度高 0.5～1.0 ℃（因为较低的贮藏温度会增强果实对低氧伤害的敏感性）。最适气调环境主要是根据果实耐 CO_2 的程度来区分的，不耐 CO_2 的苹果品种（比如富士和澳洲青苹）必须在 O_2 浓度降至适宜浓度之前先将果温降下来，使其接近适宜的贮藏温度，并且气调贮藏温度应稍微高于冷藏温度，CO_2 浓度应该始终低于 O_2 浓度，成熟度适宜的苹果气调贮藏时 O_2 浓度宜为 1.5%，CO_2 浓度应低于 0.5%，温度宜为 1 ℃；能忍受略高 CO_2 浓度的苹果品种（比如红元帅苹果）因采后易软化，所以应尽快气调贮藏，即快速气调对其有显著的积极效应，对于无水心病的元帅苹果来说，适宜的气调环境是 O_2 浓度为 1.5%、CO_2 浓度为 2.0%、温度为 0～1 ℃；对于能忍受高 CO_2 浓度的苹果品种（如嘎拉和金冠），快速气调非常有意义，比缓慢达到气调环境更能保持果实的硬度和酸度，嘎拉和金冠苹果适宜的气调贮藏指标是 O_2 浓度低至 1.0%、CO_2 浓度高至 2.5%、贮藏温度为 1 ℃。

常用的塑料薄膜包装材料有聚乙烯膜（PE 膜）、聚氯乙烯膜（PVC 膜）、聚丙烯膜（PP 膜）、双向拉伸聚丙烯薄膜（BOPP 膜）、聚苯乙烯膜（PS 膜）、聚偏二氯乙烯膜（PVDC 膜）、聚对苯二甲酸乙二醇酯/聚乙烯复合膜（PET/PE 膜）等，以及 PVC、PP、PS、辐射交联 PE 等的热收缩膜和拉伸膜。这些薄膜常制成袋、套、管等，可根据不同需要选用。另外，尽量减少网套的使用，世界上苹果的出口包装中只有我国的苹果在使用网套，不但污染环境，而且费钱、费工。实践证明，苹果出口包装中不使用网套也完全可以避免果实碰压伤问题，一些发达国家已经明确要求不允许苹果带网套出口。

总的来说，内包装的包装材料必须符合以下要求：具有透湿性，但透湿性不能过高，需依品种而异；具有选择透气性：可透出过高的 CO_2 和乙烯、透入适量的 O_2，CO_2 的透出率应大于 O_2 的透入率；具有一定强度，耐低温，热封性好。包装材料选择还受到果品本身成本的限制，要考虑产品价值、包装材料成本以及对环境的作用、销售价格等因素。

② 外包装。外包装是对小包装果品进行的二次包装，可增加耐贮运性并有利于创造合适的保鲜环境。目前外包装常采用瓦楞纸箱、塑料箱、黄板纸箱、发泡箱、集装箱、木箱等。从包装保鲜考虑，外包装可同时封入保鲜剂以及各种衬垫缓冲材料，如杀菌剂、去乙烯剂、蓄冷剂、吸湿性片材等。外包装应具有足够的机械强度以保护产品，避免在运输、装卸和堆码过程中造成机械伤；应具有防潮性能，以防止包装容器吸水变形而造成机械强度降低，导致产品受伤而腐烂；应具有一定的通透性，利于产品在贮运过程中散热和气体交换。用于外包装的材料除了应具备上述特点外，还应该具有美观、清洁、无异味、无有害化学物质、内壁光滑、卫生、重量轻、成本低、便于取材、易于回收及处理等特点，并在包装外面注明商标、品名、等级、重量、产地、特定标志及包装日期等。

另外，不少国家对苹果外包装的重量、尺寸、形状等指标做了规定，如东欧国家采用的包装箱的标准一般是 600 mm×400 mm（长度×宽度）和 500 mm×300 mm（长度×宽度），包装箱的高度根据给定的容量标准来确定，每箱不超过 14 kg；美国红星苹果的纸箱规格为 500 mm×302 mm×322 mm（长度×宽度×高度）。

（2）苹果包装技术 苹果包装前应挑选分级，确保果品新鲜、洁净、无机械伤、无病虫害、无腐烂，做到果品品质一致、优质、美观。包装应在冷凉的环境条件下进行，避免风吹日晒和雨淋。人工包装时应轻拿轻放，装量要适度，防止过满或过少而造成损伤。无论是人工包装还是自动化机械包装，苹果包装的排列要紧密、整齐，一般先在箱底平放一层垫板，加上格套，把用纸包好的果实放入格套内，每格一果，每层放满后再放垫板、格套，继续装果至满，再垫板、封盖、粘贴。

对于全球的包装商来说，苹果包装是一项艰巨的劳动密集型任务和难题，如果无法在规定的时间内处理完，鲜果的质量将大打折扣。由于劳动力短缺，加之包装耗时费力，国外逐渐由人工包装升级为自动化机械包装。苹果自动化机械包装涉及机械化、自动化、计算机视觉、机器人感官等多方面技术的融合，其中基于机械视觉的果品柔性分拣输送系统、根据苹果有效特征信号的在线快速识别技术、精准自动定位与抓取技术是重点和难点。另外，有些包装流水线还有贴标签设备，或者在装箱前为每个苹果贴上标签，或者在装箱后在箱体上贴上标签，标签通常注明品种名称、等级、生产商、日期、重量等信息。

(3) 苹果包装趋势 与国内相比，国外发达国家的苹果包装不仅普及到保鲜瓦楞纸箱、保鲜托盘、开口包装等，甚至出现了智能化、生物基因、信息化等包装技术。

智能化包装技术模拟果品所需环境参数，自动调节其贮藏与运输过程中的环境变化，从而达到保鲜的目的，主要是在包装中镶嵌智能元件或依靠材料特性，实现对温度、湿度、压力、气体组分等进行有效控制。

生物基因包装技术指利用生物基因技术改变包装材料，即将优良基因移植到包装材料中去，创造出具有优良品质的包装材料，以延长果蔬保鲜期，如一家加拿大公司成功研制的遇菌变色食品包装，能在食品含有致病细菌、农药残留或转基因成分时改变颜色。

信息化包装技术是指在包装中安装有防伪指示，还能显示时间、温度及其他食品安全指标；同时，现代包装信息除了包含一般的果蔬名称、数量、体积、厂家、保质期、食用要求等外，为了便于果品物流，在果品包装上还运用了二维码、射频外包识别(RFID)、智能温控标签（TTI）等技术，大大提高了物流的配送准确度和效率。

参考文献

REFERENCES

陈学森，郝玉金，杨洪强，等，2010. 我国苹果产业优质高效发展的项关键技术［J］. 中国果树（4）：65－67.

董向丽，李海燕，孙丽娟，等，2013. 苹果锈病防治药剂筛选及施药时期研究［J］. 植物保护，39（2）：174－179.

韩明玉，冯宝荣，2011. 国内外苹果产业技术发展报告［M］. 西安：西北农林科技大学出版社，201（1）：156.

寇建村，杨文权，韩明玉，等，2010. 我国果园生草研究进展［J］. 草业科学，27（7）：154－159.

李保华，董向丽，李桂舫，等，2008. 苹果褐斑病在山东烟台的发生与防治［J］. 中国果树（6）：34－35.

李慧峰，王海波，李林光，等，2011. 套袋对寒富苹果果实香气成分的影响［J］. 中国生态农业学报，19（4）.

栾梦，潘彤彤，董向丽，等，2019. 套袋苹果黑点病的发病诱因、机制与条件［J］. 植物病理学报（4）：520－529.

罗新书，周学宝，韦兴笃，1981. 乔砧苹果、梨密植条件下干周粗度产量、单果重的相关分析［J］. 山东果树（1）：1－6.

吕德国，2019. 果园生草制是中国苹果产业转型升级的重要途径［J］. 落叶果树，51（3）：1－4.

马宝焜，杜国强，张学英，2010. 图解苹果整形修剪［M］. 北京：中国农业出版社.

孟玉平，曹秋芬，横田清，等，2002. 钙化合物对苹果疏花疏果的效应［J］. 果树学报（6）：365－368.

聂佩显，王金政，路超，等，2013. 不同时期疏花疏果对红富士苹果花序坐果率和果实品质的影响［J］. 山东农业科学，45（12）：27－29.

束怀瑞，1999. 苹果学［M］. 北京：中国农业出版社.

宋雪霞，张颖，吴秋霞，等，2015. 苹果负载量的确定及疏花疏果技术［J］.

农业科技与信息（17）：100.
孙林林，2018. 苹果园水肥一体化施肥模型研究［D］. 泰安：山东农业大学.
唐慧锋，赵世华，刘定斌，等，2004. 灌水可预防苹果花期冻害［J］. 北方果树（2）：29.
王翠翠，金静，李保华，等，2014. 苹果黑点病不同症状类型致病菌及侵染条件研究［J］. 华北农学报，29（6）：136－144.
王贵平，查养良，马明，等，2013. 不同苹果产区壁蜂授粉生物学特性及授粉效应研究［J］. 中国农学通报，29（34）：171－176.
王贵平，聂佩显，翟浩，等，2016. 5个苹果专用授粉品种对主栽品种授粉效应研究［J］. 中国果树（1）.
王金政，薛晓敏，2018. 苹果优质花果管理与灾害防控技术［M］. 济南：山东科技出版社.
杨洪强，束怀瑞，2007. 苹果根系研究［M］. 北京：科学出版社.
张丁有，2015. 苹果晚霜冻的综合防御技术分析与评价［D］. 泰安：山东农业大学.

图书在版编目（CIP）数据

苹果新品种及配套技术 / 李慧峰，宋来庆主编．—北京：中国农业出版社，2020.3
（果树新品种及配套技术丛书）
ISBN 978-7-109-26727-5

Ⅰ．①苹…　Ⅱ．①李…②宋…　Ⅲ．①苹果—果树园艺　Ⅳ．①S661.1

中国版本图书馆CIP数据核字（2020）第051032号

中国农业出版社出版
地址：北京市朝阳区麦子店街18号楼
邮编：100125
责任编辑：舒　薇　李　蕊　王琦瑢　　文字编辑：赵钰洁
版式设计：王　晨　　责任校对：刘丽香
印刷：中农印务有限公司
版次：2020年3月第1版
印次：2020年3月北京第1次印刷
发行：新华书店北京发行所
开本：880mm×1230mm　1/32
印张：5.75　　插页：2
字数：155千字
定价：35.00元